国家林业和草原局职业教育"十四五"规划教材

园林计算机辅助设计

（SketchUp+Lumion）

赵茂锦　郑　玥　主编

中国林业出版社
China Forestry Publishing House

图书在版编目（CIP）数据

园林计算机辅助设计：SketchUp+Lumion / 赵茂锦，郑玥主编． -- 北京：中国林业出版社，2024. 8. (国家林业和草原局职业教育"十四五"规划教材)． ISBN 978-7-5219-2770-2

Ⅰ.TU986.2-39

中国国家版本馆 CIP 数据核字第 20249AK942 号

策划、责任编辑：田　苗
责任校对：苏　梅
封面设计：北京美光设计制版有限公司

出版发行：中国林业出版社
　　　　　（100009，北京市西城区刘海胡同7号，电话 83143557）
电子邮箱：cfphzbs@163.com
网址：https://www.cfph.net
印刷：北京中科印刷有限公司
版次：2024年8月第1版
印次：2024年8月第1次印刷
开本：787mm×1092mm　1/16
印张：17
字数：351千字
定价：68.00元

数字资源

编写人员

主　　编　赵茂锦　郑　玥

副 主 编　王鹏远　王　敖

编写人员　（按姓氏拼音排序）
　　　　　　丁文蓓（甘肃农业职业技术学院）
　　　　　　刘晶晶（苏州壹品壹家空间设计有限公司）
　　　　　　路　畅（苏州农业职业技术学院）
　　　　　　王　敖（穆氏建筑设计有限公司）
　　　　　　王鹏远（苏州森禾空间营造有限公司）
　　　　　　张亚平（贵州农业职业学院）
　　　　　　赵茂锦（苏州农业职业技术学院）
　　　　　　郑　玥（苏州农业职业技术学院）

前　言

园林专业涵盖了从园林设计、规划到施工等多个方面，其中三维建模和可视化技术对于展现园林设计的细节和效果至关重要。SketchUp 和 Lumion 是园林行业广泛应用的建模和渲染软件，两者结合使用能极大地提升园林设计的效率和表现力。

本教材根据高等职业教育本科和专科园林类专业教学内容和课程体系改革的要求进行编写。教材内容紧密结合园林岗位的技能要求，通过大量的案例分析和实战演练，帮助学生深入理解 SketchUp 和 Lumion 在园林设计中的应用方法和技巧。

本教材紧紧围绕党的二十大报告提出的"加强城乡建设中历史文化保护传承"要求，核心内容采用软件操作的基本理论和实例相结合的方式进行讲解，分为两大部分共 5 个项目，项目 1 和项目 2 介绍了 SketchUp 软件的安装、界面布局、各种建模工具的使用方法等。项目 3 介绍了植物、地形、小品、建筑等常见景观要素的建模方法和技巧。项目 4 介绍了 Lumion 软件从界面操作、基础工具使用到材质、光影、动画等高级功能运用。项目 5 以古典园林和庭院两个综合场景详细讲解了从建模到效果图制作的方法和技巧。本教材采用任务驱动式编写体例，以任务为基本单元，通过布置工作任务明确要求和目标，通过任务分解阐明实施步骤，帮助学生将复杂问题简单化，配合数字化资源提升教材的可读性，最后通过巩固训练检验学习效果。

本教材由赵茂锦、郑玥担任主编，王鹏远、王敖担任副主编。具体编写分工如下：丁文蓓编写项目 1；王敖、路畅编写项目 2；张亚平、赵茂锦、郑玥编写项目 3；王鹏远、刘晶晶编写项目 4；赵茂锦、郑玥、王鹏远编写项目 5。

本教材在编写过程中参考了相关专家的部分文献资料，仿绘了部分图例，在此向有关专家、单位深表感谢。

由于时间和编者水平有限，书中难免存在不足和疏漏之处，敬请读者批评指正。

编者

2024 年 6 月

目　录

前言

项目 1

初识 SketchUp

任务 1-1　认识 SketchUp 软件 \ 2

任务 1-2　进行 SketchUp 基本操作 \ 5

任务 1-3　熟悉 SketchUp 绘图环境设置 \ 11

项目 2

掌握 SketchUp 基础建模工具

任务 2-1　认识基础绘图工具 \ 25

任务 2-2　了解群组与组件 \ 44

任务 2-3　掌握立体造型工具 \ 51

任务 2-4　学习其他辅助工具 \ 60

任务 2-5　了解 SketchUp 插件 \ 70

任务 2-6　SketchUp 与其他软件结合使用 \ 75

项目 3

园林景观单体建模

- 任务 3-1　绘制地形 \ 80
- 任务 3-2　种植植物 \ 84
- 任务 3-3　创建园林小品 \ 89
- 任务 3-4　创建园林建筑 \ 110

项目 4

学习效果图渲染

- 任务 4-1　了解 Lumion 软件 \ 129
- 任务 4-2　放置模型物体 \ 133
- 任务 4-3　调整模型材质 \ 140
- 任务 4-4　添加周围配景 \ 147
- 任务 4-5　自定场景天气 \ 153
- 任务 4-6　导出渲染成果 \ 155

项目 5

园林场景综合建模

- 任务 5-1　营造古典园林场景 \ 190
- 任务 5-2　搭建别墅庭院场景 \ 218

项目 1

初识 SketchUp

SketchUp 2021 是当今设计界常用的软件，熟练掌握该软件的使用是设计师、绘图员、设计管理者等专业人士的必备技能。该软件可以跨专业、跨门类应用，符合当前社会对复合型设计人才的需要。本项目介绍了 SketchUp 2021 的应用领域、软件特点、安装方法等，然后对其工作界面及场景设置进行了讲解，帮助学生初步了解 SketchUp 2021，为后期操作打下基础。

【学习目标】

知识目标

（1）了解 SketchUp 的软件特点。
（2）熟悉 SketchUp 的工作界面。
（3）熟悉 SketchUp 的各种绘图风格。
（4）掌握相机、视图工具栏的特点。

技能目标

（1）会获取与安装 SketchUp。
（2）会打开与保存 SketchUp。
（3）会设置浮动窗口。
（4）会优化设置工作界面。
（5）能够根据模型所需的不同效果，选择适当的绘图风格。

素质目标

（1）培养学生自主学习的能力。
（2）培养学生认真严谨的工作学习态度以及团队协作的意识。
（3）培养学生的工匠精神。

任务 1-1　认识 SketchUp 软件

【工作任务】

SketchUp 是一套直接面向设计方案创作过程的设计工具，其不仅能够充分表达设计师的思想，而且能与客户进行即时交流，使设计师可以直接在计算机上进行直观的构思，是三维设计方案创作的实用工具。

本任务中，学生需要学习 SketchUp 获取与安装的方法，了解 SketchUp 的软件特色。

【任务分解】

序号	实施步骤	主要内容
1	获取与安装 SketchUp 软件	登录 SketchUp 官方网站获取 SketchUp 安装程序，并完成安装
2	了解 SketchUp 软件特色	SketchUp，简称 SU，具有直观、灵活、易于使用等特色，被喻为计算机设计中的"铅笔"

【任务实施】

1. 获取与安装 SketchUp 2021 软件

图 1-1-1　安装程序图标

用户购买光盘或者登录 SketchUp 官方网站（http://www.sketchup.com/download）都可以得到 SketchUp 的安装程序。双击安装程序图标（图 1-1-1），弹出安装对话框。

弹出"目的地文件夹"选项，如需更改安装路径，单击"更改"按钮并设置路径，也可以使用默认的安装路径（图 1-1-2）。确定目的地文件夹后，在对话框中单击"安装"按钮，之后便开始进行软件的安装。

当对话框中显示"SketchUp 2021 准备就绪！"的安装向导后，单击"完成"按钮，即完成 SketchUp 2021 的安装。

2. 了解 SketchUp 2021 软件特色

（1）**界面简单，容易操作**

SketchUp 的界面相对简单，主要分为标题栏、菜单栏、工具栏、绘图区、状态栏、数值控制框，对于用户来说比较直观和明显。

（2）**适用范围广**

SketchUp 在室内设计、工业设计、建筑设计、园林设计等领域都有广泛的应用。

（3）建模功能使用方便

SketchUp 软件的建模过程可以简单概括为"画线成面，推拉成体"。用户可以直接在 3D 界面绘制出二维图形，再通过推拉平面图元，使其拉伸成为三维模型，还可通过推拉三维模型的各个面，增加或减少三维模型的体积（图 1-1-3）。

（4）剖面生成快速

SketchUp 可以快速生成模型任何位置的剖面，使设计者可以比较快速地了解建筑的内部结构，同时也可以将生成的二维剖面图导入 AutoCAD 进行处理（图 1-1-4）。

图 1-1-2　程序安装

图 1-1-3　画线成面，推拉成体

图 1-1-4　使用 SketchUp 快速生成剖面

（5）兼容性强

SketchUp 与 AutoCAD、3ds MAX、Photoshop、V-Ray、Maya 等软件兼容性良好，可实现方案构思、施工图与效果图绘制的完美结合。可以生成或导出各种文件格式，如 PDF、EPS、BMP、JPG、TIF、PNG、DWG、DXF 等。

（6）自带相当数量的材质库

SketchUp 自带大量素材，如家具、人物、植物等各种设计素材文件和材质贴图。

（7）表现风格多样，可实现多种视图效果切换

SketchUp 具有草稿、线稿、透视、渲染等不同显示模式，以便满足设计师在不同情况下的作图需求（图 1-1-5）。

图 1-1-5　SketchUp 的不同表现风格

（8）可以制作方案演示视频

SketchUp 可以制作方案的演示视频动画，更加直观地表现设计师的创作思路（图 1-1-6）。

（9）定位阴影和日照精准

设计师可以根据建筑物所在地区和时间实时进行阴影和日照分析，帮助设计师在

图 1-1-6　运用 SketchUp 制作动画

图 1-1-7　运用 SketchUp 精准定位阴影和日照

建模的过程中，在更加符合现实情况的场景中进行设计（图1-1-7）。

（10）标注方法简便

在 SketchUp 中可以简便地进行空间尺寸和文字的标注，并且标注部分始终面向设计师，方便设计师对产品进行简单标记（图1-1-8）。

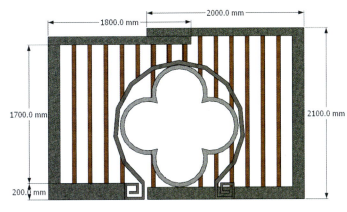

图 1-1-8　运用 SketchUp 进行标注

【巩固训练】

1. SketchUp 软件的特色有哪些？
2. 在计算机安装 SketchUp 2021 软件。

任务 1-2　进行 SketchUp 基本操作

【工作任务】

熟悉 SketchUp 的操作界面，建模前做好基础准备工作，能大幅度提高制图速度，是学习 SketchUp 2021 的基础。

本任务是在安装并运行 SketchUp 软件后，进行相关设置并进入绘图界面，进行文件的打开和保存等操作。

【任务分解】

序号	任务名称	任务内容
1	打开和保存 SketchUp 文件	介绍打开与保存 SketchUp 文件的基本方法以及快捷键的操作命令
2	进行 SketchUp 建模前准备	介绍 SketchUp 的向导界面以及在该界面选择绘图模板的方法
3	了解 SketchUp 绘图界面	介绍 SketchUp 的绘图界面，帮助学生熟悉基本绘图环境，对 SketchUp 有大致了解

【任务实施】

1. 打开和保存 SketchUp 文件

（1）**打开 SketchUp 文件**

①打开 SketchUp 软件，在主界面单击左上角的"文件"菜单（图 1-2-1）。

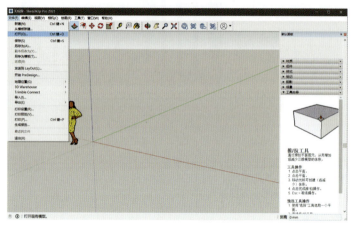

图 1-2-1　单击"文件"菜单

②在下拉菜单栏中，单击"打开"。

③在弹出页面中，选择需要打开的后缀为".skp"的文件，再单击右下角的"打开"（图 1-2-2），即可看到文件在 SketchUp 中打开。

图 1-2-2　选择后缀为".skp"的文件

（2）**保存 SketchUp 文件**

点击左上角的"文件"图标，在弹出的菜单栏中点击"保存"即可（图 1-2-3）。也可以使用快捷键"Ctrl+S"保存文件。

如果此文件是第一次被保存，此时会弹出"另存为"对话框（图 1-2-4）。

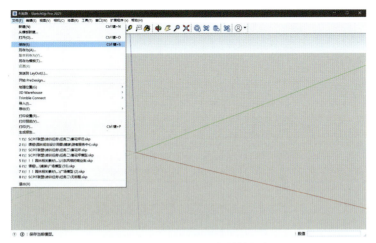

图 1-2-3　SketchUp 文件的保存

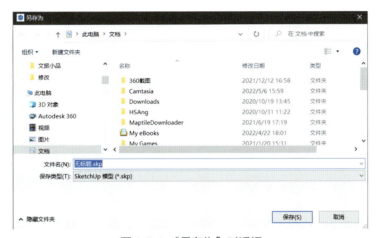

图 1-2-4　"另存为"对话框

选择相应的位置和类型，点击"保存"，即完成操作。

2. 进行 SketchUp 建模前准备

（1）开启软件

SketchUp 2021 安装完成，双击桌面的快捷图标启动软件，出现 SketchUp 2021 的向导界面（图 1-2-5）。

（2）选择模版

在向导界面选择需要的模板（图 1-2-6）。一般情况下，建筑设计选择"建筑设计 - 毫米"模板。设置完成后即可进入 SketchUp 工作界面。

图 1-2-5　SketchUp 向导界面

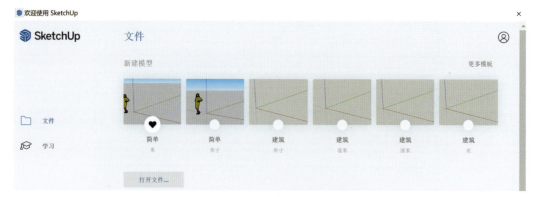

图 1-2-6　SketchUp 向导界面选择模板

3. 了解 Sketchup 绘图界面

SketchUp 2021 的初始工作界面主要由标题栏、菜单栏、工具栏、绘图区、状态栏、数值控制框组成（图 1-2-7）。

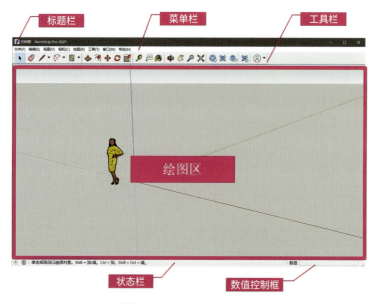

图 1-2-7　SketchUp 界面

（1）**标题栏**

标题栏位于工作界面顶部，显示 SketchUp 图标、当前编辑的文件名称、软件版本。

（2）**菜单栏**

菜单栏位于标题栏下方，由文件、编辑、视图、相机、绘图、工具、窗口和帮助 8 个主菜单组成，如果安装有插件，还会有"插件"菜单。

① "文件"菜单　包含一系列管理场景文件的命令（图 1-2-8）。

② "编辑"菜单　包含一系列对场景中的模型进行编辑操作的命令（图 1-2-9）。

图 1-2-8 "文件"菜单　　图 1-2-9 "编辑"菜单

③"视图"菜单　包含与工具栏设置、模型显示和动画等功能相关的命令（图 1-2-10）。

④"相机"菜单　包含一系列用于更改模型视点的命令（图 1-2-11）。

图 1-2-10 "视图"菜单　　图 1-2-11 "相机"菜单

⑤"绘图"菜单　包含用于绘制图形的命令（图 1-2-12）。

⑥"工具"菜单　包含 SketchUp 所有的修改工具（图 1-2-13）。

⑦"插件"菜单　需要额外安装，其中包含添加的大部分绘图功能插件（图 1-2-14）。

⑧"窗口"菜单　包含场景编辑器和管理器（图 1-2-15）。

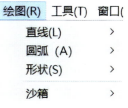

图 1-2-12 "绘图"命令

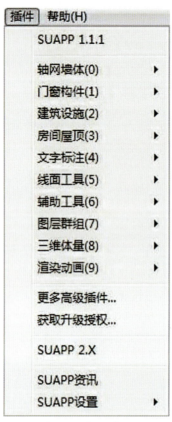

图 1-2-13 "工具"菜单　　　图 1-2-14 "插件"菜单

图 1-2-15 "窗口"菜单

图 1-2-16 "帮助"命令

⑨"帮助"菜单　包含查看软件的帮助、许可证、版本等信息的命令，通过这些命令可以了解软件的详细信息（图1-2-16）。

（3）工具栏

工具栏通常位于菜单栏下方和绘图区左侧，包含常用的工具及用户自定义的工具和控件。

在"视图"菜单栏单击"工具栏"命令，可以打开"工具栏"对话框。在该对话框"工具栏"选项卡中可以设置需要显示或隐藏的工具（图1-2-17）。在"选项"选项卡中可以设置是否显示屏幕提示和图标大小。

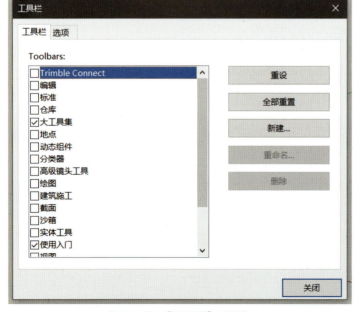

图 1-2-17 "工具栏"对话框

（4）绘图区

占据界面最大区域的是绘图区，绘图区也称绘图窗口，与其他 3D 建模软件不同，SketchUp 的绘图区只有 1 个视图，在绘图区中能够完成模型的创建与编辑，也可以调整视图。

绘图区通过红（X 轴）、绿（Y 轴）、蓝（Z 轴）三条相互垂直的坐标轴标识三维空间，三轴交汇处为坐标原点。在菜单栏单击"视图轴"命令可以显示或隐藏坐标轴。

（5）状态栏

状态栏位于控制框左侧，在此显示命令提示和状态信息，是对命令的描述和操作的提示。提示信息会因为对象的不同而不同。

（6）数值控制框

数值控制框位于绘图区的右下方，绘图过程中的尺寸信息会显示于此，可以通过键盘输入控制当前绘制的图形。数值控制框支持所有的绘制工具，具有以下特点：

①绘制过程中，控制框的数值会随着鼠标移动动态显示。如果指定的数值不符合系统属性指定的数值精度，会在数值前显示"~"符号表示该数值不够精确。

②可以在命令完成前输入数值，也可以在命令完成后输入数值。在开始新的命令操作之前都可以改变输入的数值，但开始新的命令操作后，数值控制框就不再对该命令起作用。

③键盘输入数值之前不需要单击数值框，直接在键盘上输入即可。

【巩固训练】

打开建筑草图模型并进行保存的操作。

任务 1-3　熟悉 SketchUp 绘图环境设置

【工作任务】

为了提高使用者的绘图效率，方便绘图操作，使用者应熟悉绘图环境，并能对绘图环境进行相应的优化处理。

本任务需要在运行 SketchUp 软件后，进行浮动窗口的设置，并为模型对象选择不同的显示风格，设置边线与平面的显示风格，添加水印和更换背景。通过对指定对象进行视图的转换与控制操作，掌握相机视图工具栏的操作；并学会对工作界面进行优化，以提高绘图效率。

【任务分解】

序号	实施步骤	主要内容
1	设置浮动窗口	介绍设置浮动窗口的方法，以方便绘图者使用
2	选择绘图风格	SketchUp 可以根据绘图过程和设计表达的需要选择不同的绘图风格，这也是该软件的特色。该部分介绍不同绘图风格的特点，以便绘图者选择
3	认识相机、视图工具栏	介绍各类视图模式以及视图间的转换与控制操作方法，以便灵活方便地对模型进行创建和编辑
4	优化设置工作界面	介绍如何合理设置系统和工作界面，以便为个人操作及长期作图提供方便

【任务实施】

1. 设置浮动窗口

打开 SketchUp 2021 后，在系统默认的绘图环境中，很多工具栏是未被调出的，不方便操作。可以通过设置浮动窗口，将常用工具设置在绘图窗口中，并拖动到任意位置，以方便点击使用。设置浮动窗口的方法有以下两种。

（1）使用快捷菜单勾选

在"工具栏"上单击鼠标右键，弹出快捷菜单（图1-3-1）。菜单的每一行都对应一种工具，单击想要调用的工具，前方会显示"√"的标志，表示该类工具为开启状态，在绘图界面会看到弹出的工具。再次单击该类工具，则"√"消失，该类工具被关闭。

（2）使用"工具栏"选择

在"视图"菜单栏单击"工具栏"命令，可以打开"工具栏"对话框，在该对话框"工具栏"选项卡中可以设置需要显示或隐藏的工具（图1-3-2）。

2. 选择绘图风格

在 SketchUp 2021"样式"面板中能够对边线、表面、背景和天空的显示效果进行设置。可以通过更改显示样式，表现画面的艺术感和风格。在菜单栏单击"窗口"→"样式"命令，打开"样式"面板（图1-3-3）。

（1）样式选择

SketchUp 2021 自带7种样式目录，分别是"Style Builder 竞赛获奖者""手绘边线""混合风格""照片建模""直线""预设风格"和"颜色集"。在"样式"面板中，单击样式即可将其应用到场景中。

图 1-3-1　快捷菜单

图 1-3-2 在"工具栏"对话框

图 1-3-3 "样式"面板

(2) 边线设置

在"样式"面板的"编辑"选项卡中有 5 个设置按钮。单击最左侧的"边线设置"按钮,可以对模型的边线进行设置(图 1-3-4)。

①边线　勾选该选项,可以显示或隐藏模型的边线。

②后边线　勾选该选项,模型背部被遮挡的边线将以虚线的形式显示。

③轮廓　勾选该选项,会显示模型的轮廓线。可输入数值对轮廓线的粗细进行设置。

④深粗线　勾选该选项,场景中会出现近实远虚的深度线效果。离相机越近,深度线越强;离相机越远,深度线越弱。输入数值可对深度线的粗细进行设置。

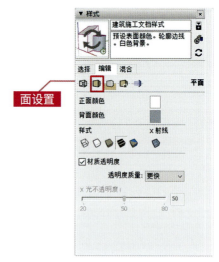

图 1-3-4　设置边线样式　　　　　图 1-3-5　"面设置"设置

⑤出头　勾选该选项，模型边线的端点都会向外延长。延长线只是视觉上的延长，不会影响边线端点的捕捉。在后面的数值输入框中输入数值，可对延长线的长短进行设置。

⑥端点　勾选该选项，模型边线的端点处会被加粗，模拟手绘的效果。在后面的数值输入框中输入数值，可对端点的延伸值进行设置。

⑦抖动　勾选该选项，模型的边线会出现抖动，模拟草稿图的效果，但不会影响对模型的捕捉。

⑧颜色　该选项用于设置模型边线的颜色，软件提供了3种显示方式。

小贴士：

　　创建普通模型勾选"边线"，表现效果即清晰明了。创建特别复杂的模型可以不选择"显边线"，避免线条过多相互堆积，干扰视觉效果。仅创建单体模型，勾选"边线"与"后边线"，可以看到模型后方轮廓，随时掌握模型的方向与环绕效果。"轮廓"与"深粗线"不宜设置过大。"出头""端点"和"抖动"能营造出手绘效果，但不适用于最终方案表现。除非是特殊场景，一般不修改"颜色"。这些显示风格的选择取决于操作者的个人喜好。

（3）面设置

在"编辑"选项卡中单击"面设置"按钮，可以对模型的面进行设置（图1-3-5）。

①线框样式　单击按钮，模型将以简单线条显示，且不能使用基于表面的工具（图1-3-6）。

②消隐样式　单击按钮，模型将以边线和表面的集合进行显示，没有贴图与着色（图 1-3-7）。

③着色样式　单击按钮，模型会显示所有应用到面的材质以及根据光源应用的颜色（图 1-3-8）。

④贴图样式　单击按钮，模型将显示所有应用到面的贴图，这种显示方式会降低软件的操作速度（图 1-3-9）。

⑤单色样式　单击按钮，模型就像线和面的集合体，与消隐样式相似（图 1-3-10）。这时，SketchUp 会以默认材质的颜色显示模型的正反面，所以易于分辨模型的正反面。

⑥X 射线样式　单击按钮，模型将以透明的面显示（图 1-3-11）。该样式可以与其他样式配合使用，便于对原来被遮住的点和边线进行操作。

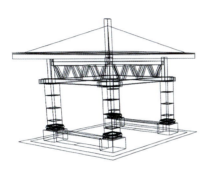
图 1-3-6　选择"线框样式"

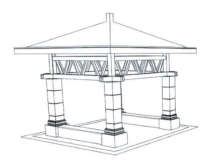
图 1-3-7　选择"消隐样式"

图 1-3-8　选择"着色样式"

图 1-3-9　选择"贴图样式"

图 1-3-10　选择"单色样式"

图 1-3-11　选择"X 射线样式"

(4)背景设置

在"编辑"选项卡中单击"背景设置"按钮,可以对场景的背景进行设置,也可以模拟大气效果的天空和地面,并显示地平线(图 1-3-12)。

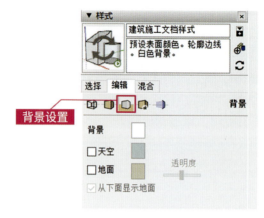

图 1-3-12　背景设置

(5)水印设置

在"编辑"选项卡中单击"水印设置"按钮,可以设置模拟背景或添加标签(图 1-3-13)。

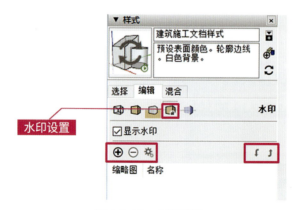

图 1-3-13　水印设置

①添加水印　单击按钮 ⊕ 可添加水印。

②删除水印　单击按钮 ⊖ 即可删除水印。

③编辑水印　单击按钮 ✲,在弹出的"编辑水印"对话框中可对水印的位置、大小等进行设置。

④下移水印、上移水印　单击按钮 ❴ 和 ❵,可切换水印图像在模型中的位置。

(6)建模设置

在"编辑"选项卡中单击"建模设置"按钮,可以对模型的各种属性进行设置(图 1-3-14)。

（7）混合样式

在"样式"面板中单击"混合"选项卡。在"选择"列表框中选择一种样式，此时光标为吸管状态（图 1-3-15）。然后在"混合"选项卡中的"边线设置"上单击鼠标左键，将其匹配到"边线设置"，此时光标为油漆桶状态（图 1-3-16）。再选取风格将其匹配到"平面设置""背景设置"等选项中，即完成混合样式的设置。

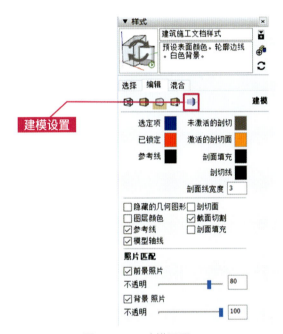

图 1-3-14 建模设置

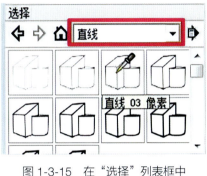

图 1-3-15 在"选择"列表框中选择一种样式

图 1-3-16 将样式匹配到"边线设置"

3. 认识相机视图工具栏

打开"相机"菜单，可选择视图的类型（图 1-3-17）。

（1）标准视图

SketchUp 提供了顶视图、底视图、前视图、后视图、左视图、右视图、等轴视图 7 种标准视图类型（图 1-3-18）。

（2）相机视图

SketchUp 提供了平行投影显示、透视显示和两点透视 3 种显示方式。

①透视显示　透视显示模式是模拟人眼观察物体的方式，是最接近真实世界的三点透视，3 个维度都存在透视（图 1-3-19）。

图 1-3-17 "相机"菜单

图 1-3-18　标准视图的类型

图 1-3-19　透视显示状态下的模型

②两点透视　两点透视模式下，绘图区会直接在中心显示两点透视图，只在 X 轴和 Y 轴方向存在透视（图 1-3-20）。

图 1-3-20　两点透视状态下的模型

③平行投影　平行投影模式可以得到没有透视角度的视图。所有的平行线在绘图窗口中仍显示为平行（图 1-3-21）。

图 1-3-21　平行投影状态下的模型

小贴士：

在"透视显示"模式下打印出的平面图、立面图及剖面图等不能正确地反映长度和角度，且不能按照一定的比例打印。因此，打印时一定要选择"平行投影"模式。

4. 优化设置工作界面

（1）系统设置

SketchUp 与其他软件一样有供客户端根据计算机的情况进行设定的系统设置，合理设置各种参数可以为设计师的长期绘图提供方便。因为 SketchUp 软件本身是默认英制单位，所以打开 SketchUp 时首先应该设定系统。

执行"窗口"→"系统设置"命令，即可弹出"SketchUp 系统设置"对话框（图 1-3-22）。

图 1-3-22 "SketchUp 系统设置"对话框

单击左边列表中的选项，可以打开相应的选项卡，设置各种系统参数。

① OpenGL　OpenGL 的英文全称是"Open Graphics Library"，中文译为"开放的图形程序接口"。在"SketchUp 系统设置"对话框的列表中单击"OpenGL"选项，切换到"OpenGL"界面（图 1-3-23）。单击"图形卡和详细信息"按钮，弹出"OpenGL 详细资料"对话框，对话框中显示软件自带的 OpenGL 资料（图 1-3-24）。

② 常规　SketchUp 同其他的软件一样，可以自动创建备份、自动保存，以免文件丢失。

③ 快捷方式　与 AutoCAD 等绘图软件一样，SketchUp 系统也有默认的快捷键设定。例如，移动快捷键是"M"，在选取模型的条件下，键入"M"，即可移动选取部分。使用者也可根据自己的习惯对快捷键自行进行设置。

④ 模板　是指系统默认的打开软件时绘图所用的格式样板，包含单位、角度表示法等参数设置（图 1-3-25）。

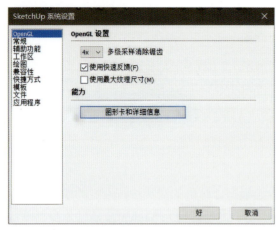

图1-3-23 "OpenGL"界面　　　　图1-3-24 "OpenGL 详细资料"对话框

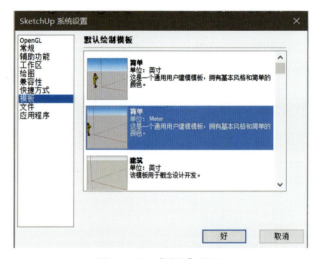

图1-3-25 "模板"界面

小贴士：

系统设置里的所有设定都必须在下一次重新开启 SketchUp 之后才能生效。在更新的设定生效前始终默认上一个设置。

（2）模型信息设置

模型信息的设定在 SketchUp 中集中在"模型信息"对话框。执行"窗口"→"模型信息"命令，在弹出的"模型信息"对话框中进行选择（图1-3-26）。单击左边列表中的选项，有多个选项卡可以切换。在这些选项卡中，可以对每个文件的文字、动画等内容进行设定。

①尺寸　在"尺寸"界面，可以设定尺寸标注以及标注中文字的字体、大小等选项。在单个绘图场景中，这些选项可以事先设定，也可以在标注完成后再做修改（图1-3-27）。

②单位　系统以模板形式设置绘图单位，也可以在"模型信息"的"单位"界面设定长度单位和角度单位，此处的设定能立刻在场景中生效（图1-3-28）。

一般情况下，在"度量单位"功能组的"格式"下拉列表框中选择"十进制"和"毫米"选项；在"显示精确度"下拉列表框中选择"0mm"选项。在"角度单位"功能组的"显示精确度"下拉列表框中选择"0.0"。

根据制图规范，无论建筑设计还是室内设计，其绘图单位都是十进制、毫米并精确到0。因此需要做上述设定。

③地理位置　每一个SketchUp的三维模型，当需要表现室外光照以及建筑阴影时，都可以根据项目所处的位置，真实地模拟实际光照（可精确到经度、纬度）。"地理位置"界面上的选项，就是用于设置项目的位置（图1-3-29）。

④动画　"动画"界面上的选项，主要是用于SketchUp中动画功能的设置。在SketchUp中动画实际是将设定好的页面（关键帧）以一定时间间隔进行动态演示，因此页面切换选项对之后动画的演示非常重要（图1-3-30）。

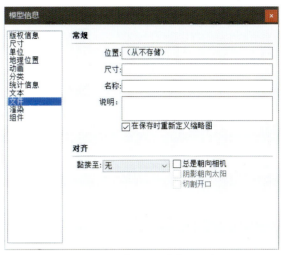

图1-3-26　"模型信息"对话框

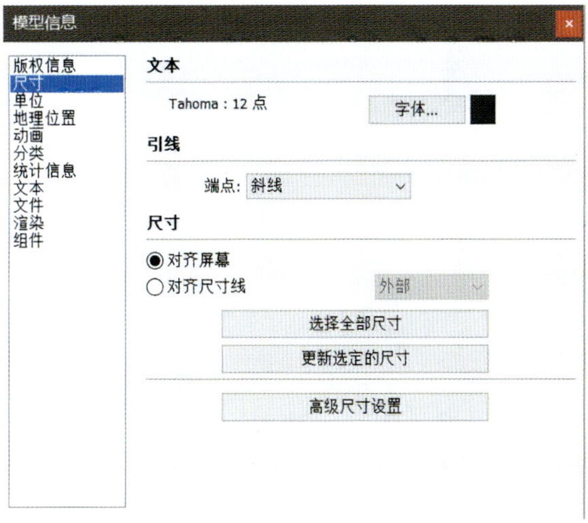

图1-3-27　"尺寸"界面

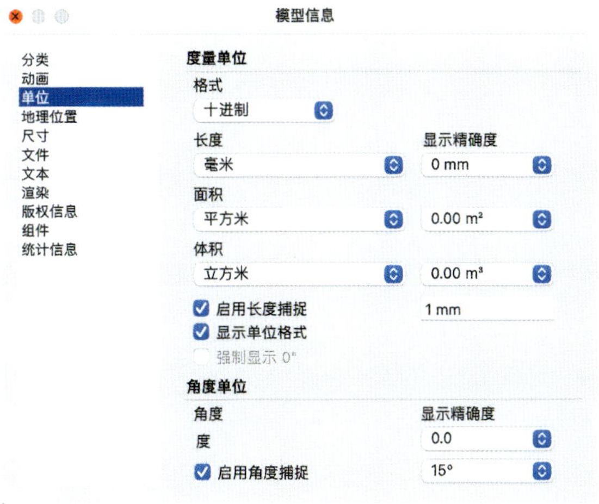

图1-3-28　"单位"界面

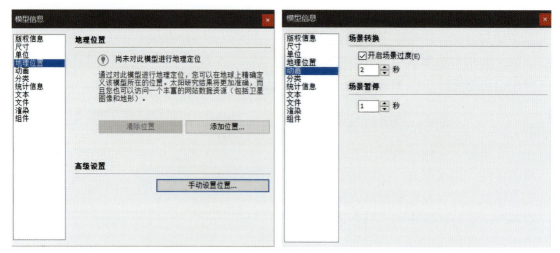

图 1-3-29 "地理位置"界面　　　　图 1-3-30 "动画"界面

⑤统计信息　单击"模型信息"对话框左边列表中的"统计信息"选项，打开"统计信息"界面。界面上可以显示当前模型中各绘图单位的数量与名称，并能清除多余的绘图单位，修复相应错误（图 1-3-31）。

图 1-3-31 "统计信息"界面

⑥文本　在"文本"界面中，可以设置屏幕文字、引线文字两种标识文字，还可设置引线的样式。文字的箭头、字体、大小、色彩等都可以设定（其设置方法和选项与尺寸当中的文字选项大致相同）。另外，也可在图形完成后对文字设置进行修改（图 1-3-32）。

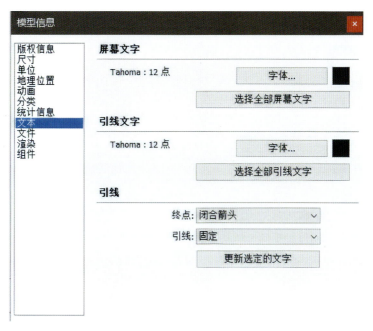

图 1-3-32 "文本"界面

小贴士：

　　在设计绘图过程中或完成时都需要使用清理和检测功能，这样可以尽量提高文件的正确性。

　　通过设置屏幕文字、引线文字标注两种标识文字，可以统一屏幕字体。

【巩固训练】

　　对一个建筑草图模型进行视图转换与导出操作。

项目 2

掌握 SketchUp 基础建模工具

SketchUp 是目前设计相关专业使用的主流建模软件。本项目主要讲解 SketchUp 2021 工具菜单和各工具的使用方法,使学生掌握基础绘图工具和立体造型工具的用法,结合辅助工具和插件的学习,实现从无到有的精细化建模。

【学习目标】

知识目标:

(1)掌握 SketchUp 各工具条和单体工具的概念。
(2)掌握 SketchUp 各工具的操作方法和步骤。
(3)了解不同建模方法和建模流程的优缺点。

技能目标:

(1)会根据不同模型效果选择合适的 SketchUp 工具。
(2)会使用常用 SketchUp 插件。

素质目标:

(1)培养自主学习的能力。
(2)培养独立分析和解决实际问题的能力。

任务 2-1 认识基础绘图工具

【工作任务】

SketchUp 2021 作为主流的设计软件,具有上手快、操作直观的特点,在安装好软件并且熟悉界面的基础上,本任务将由浅入深讲解 SketchUp 中基础绘图工具的使用方法,利用这些工具可以进行较复杂的平面图形和较简单的立体形体的绘制。

本任务中,学生需熟练掌握 SketchUp 2021 中的基础绘图工具,并且能够利用这些工具进行简单的模型创建。

【任务分解】

序号	实施步骤	主要内容
1	掌握主要工具栏	主要介绍选择、制作组件、材质、擦除的基本功能
2	熟悉绘图工具栏	主要介绍直线工具、手绘线、矩形、旋转矩形、圆、多边形、圆弧、两点圆弧、三点圆弧、扇形的基本功能
3	掌握编辑工具栏	主要介绍移动、推/拉、旋转、路径跟随、缩放、偏移的基本功能
4	掌握建筑施工工具栏	主要介绍卷尺、尺寸、量角器、文本、轴、3D 文字的基本功能

【任务实施】

大工具集是 SketchUp 自带的综合工具栏,可以通过"视图"→"工具"面板→"大工具集"勾选,其中包含了 SketchUp 中常用的工具,主要包括主要工具栏、绘图工具栏、编辑工具栏、建筑施工工具栏(图 2-1-1)。

1. 掌握主要工具栏

该工具栏没有特定属性,但是几乎在所有的 SketchUp 操作中都会使用它们,主要包括以下工具:选择(空格键)、制作组件(G)、材质(B)、擦除(E)(图 2-1-2)。

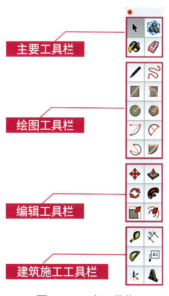

图 2-1-1 大工具集

图 2-1-2　主要工具栏

（1）选择

选择是所有三维建模工具中最基础的操作，在 SketchUp 中也是如此，熟练掌握"选择"工具，可以大幅提升日常建模的工作效率。

①单击选择　单击选择每次只能选择一个物体，如一条线、一个面、一个组，被选择的物体会有不同的高亮提示（图 2-1-3）。

②双击选择　双击不仅可以选择点击的线、面，还可以同时选择与之相邻的线、面，双击线会同时选择线两侧相邻的面（图 2-1-4）；双击选面会同时选择四周相邻的线。

③三击选择　三击线、面可以同时选择与之相邻的所有线、面，三击任意一个线、面，都可以全部选择与之相邻的所有线、面（图 2-1-5）。

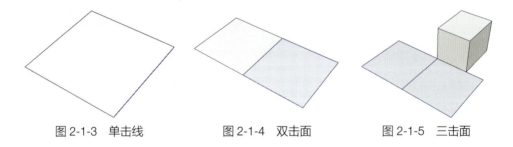

图 2-1-3　单击线　　　　图 2-1-4　双击面　　　　图 2-1-5　三击面

④框选　当需要批量选择物体的时候，通常会采用框选的方式。在一个角点按住鼠标左键不放，拖动到另一个角点形成一个矩形的选择框后，松开鼠标，即可完成框选操作。框选分为两种模式：从左到右框选模式下，选择框为实线，必须把物体全部框住才能选择（图 2-1-6）；从右到左框选模式下，选择框为虚线，只要选择框碰到物体，物体就能被选择（图 2-1-7）。

⑤加选　当遇到多个物体无法通过一次操作全部选择时，需要用到加选操作对物

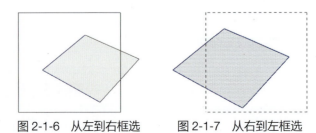

图 2-1-6　从左到右框选　　　图 2-1-7　从右到左框选

体进行多次选择。切换到选择工具后按住 Ctrl 键，即可切换到加选模式（鼠标右下角会有"+"号提示用户已经进入加选模式），在该模式下，点击或者框选都可以进行新物体的加选操作。

⑥减选　在选择了多余物体的时候，需要用到减选操作减掉不需要的物体。切换到"选择"工具后按住 Ctrl+Shift 键，即可切换到减选模式（鼠标右下角会有"–"号提示用户已经进入减选模式），在该模式下，点击或者框选都可以进行物体的减选操作。

⑦加/减选　切换到"选择"工具后按住 Shift 键，即可切换到加/减选择模式（鼠标右下角会有"±"号提示用户已经进入加/减选择模式）。该模式下，如果点击一个未选择的物体，那么该物体会被选择；如果点击一个已经被选择的物体，那么该物体会被取消选择。

⑧反选　如果需要选择的物体过多，不需要选择的物体比较少，可以先选择不想要的物体（图 2-1-8），然后进行反选操作。按 Ctrl+Shift+I 键即可执行反选操作，先选择一个物体，通过反选操作，完成反选（图 2-1-9）。

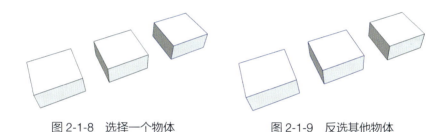

图 2-1-8　选择一个物体　　　　图 2-1-9　反选其他物体

（2）制作组件

SketchUp 中的线、面具有粘连性，靠在一起的线和面如果不做成组件，则会粘在一起，不利于后续修改和操作。

选择需要被制作成组件的线、面，点击制作组件图标会弹出"创建组件"面板，在面板中可以对组件的属性进行调整，点击"创建"即完成创建组件操作（图 2-1-10、图 2-1-11）。在任务 2-2 中会对组件进行详细介绍。

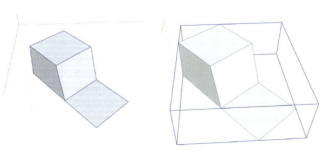

图 2-1-10　未创建组件　　　　图 2-1-11　创建组件后

(3) 材质

在 SketchUp 中对模型进行赋予材质、比例调整、颜色更改等操作，几乎都需要依靠"材质"工具来完成。当点击"材质"按钮或者用快捷键 B 激活该功能时，会切换到"材质"面板。

SketchUp 预设了很多材质供用户直接使用，在"材质"面板中点击"选择"（图 2-1-12），即可进入选择材质页面，点击右侧下拉箭头可以打开材质列表（图 2-1-13），在列表中找到想要的材质类型并点击，会打开对应的材质分类（图 2-1-14），左键点击需要的材质即可把材质添加到面板，然后给需要的模型赋予材质。"材质"工具在任务 2-4 中详细讲解。

  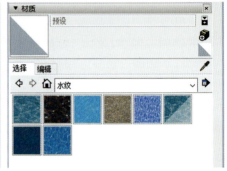

图 2-1-12　材质选择　　　图 2-1-13　类型选择　　　图 2-1-14　各种类型材质

(4) 擦除

① 基础用法　"擦除"工具的基本功能是删除线、组件、文字、标注等对象，单击选中"擦除"工具在对象上拖动，松开鼠标后对象就会被删除。

② 柔化与隐藏　柔化是 SketchUp 中对线条进行平滑、隐藏的一种处理方式，通常在处理曲面上多余线条时使用。柔化功能不仅能对线条进行简单的隐藏，而且在两个面之间起一定的平滑作用，从而使表面呈现平滑的状态。按住 Ctrl 键掠过对象边线可以柔化对象（图 2-1-15）。

隐藏是对对象边线进行隐藏的处理方式（图 2-1-16），按住 Shift 键掠过对象边线

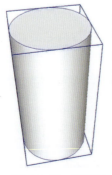 

图 2-1-15　柔化后　　　图 2-1-16　线条隐藏后

可以隐藏对象。虽然线条已经被隐藏，但是圆柱的侧面并没有呈现圆弧应有的弧度，而是由一块块单独的面拼接而成，这就是隐藏和柔化的具体区别。

2. 熟悉绘图工具栏

该工具栏主要用于绘制各种基础的二维图形，配合其他主要工具和编辑工具，可以完成绝大部分的建模工作，主要包括以下工具：直线（L）、手绘线、矩形（R）、旋转矩形、圆（C）、多边形、圆弧（A）、两点圆弧、三点圆弧、扇形（图 2-1-17）。

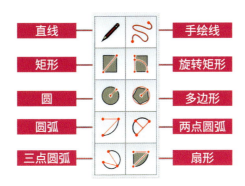

图 2-1-17　绘图工具栏

（1）直线

因为 SketchUp 中不能直接绘制点，所以直线绘制工具是 SketchUp 中最基础也是最重要的图形绘制工具之一。"直线"工具用法简单，激活工具后分别在 2 个位置依次点击左键即可完成一条直线的绘制。直线绘制模式下支持输入准确数值确定直线长度，绘制过程中输入数字和单位并按回车键即可，例如，输入 500mm 并按回车键，表示绘制一条长度为 500mm 的直线。

在绘制直线时，可以通过方向键"↑""←""→"来限制线条只在某个轴上进行绘制，以确保直线水平或垂直。

除了水平或垂直方向的直线，还可以绘制与目标直线平行的直线。在绘制直线时，把鼠标靠近与之平行的直线，并且把鼠标移动到近似平行的位置，系统会自动把即将绘制的直线捕捉到平行线的方向上，并且以紫色高亮显示，此时按住 Shift 键即可锁定平行方向进行绘制。

以上操作都可以在激活工具后通过界面的左下角看到相应提示（图 2-1-18）。

图 2-1-18　操作提示

（2）手绘线

手绘线在 SketchUp 中应用较少，主要用于绘制一些比较随机的线条。激活工具后按住鼠标左键在屏幕上随意绘制即可。

图 2-1-19　手绘线应用

"手绘线"工具在绘制一些残破的墙壁边缘时比较方便（图 2-1-19）。

（3）矩形

矩形是最基础的面绘制工具。激活工具后分别在 2 个位置点击左键即可完成矩形绘制。默认情况下矩形与坐标轴 X 轴和 Y 轴构成的面保持平行关系，在绘制过程中也可以通过方向键"↑""←""→"来绘制与对应轴垂直的矩形（图 2-1-20）。还可以通过 **Ctrl** 键将对角线绘制模式切换到中心点对对角线的绘制模式（图 2-1-21），该模式下绘制的矩形为中心对称图形，可以从绘制过程中的引导虚线判断当前的绘制模式。

另一种常用的矩形绘制模式是通过具体的尺寸确认矩形大小，激活工具点击第一个点后输入"×××，×××"格式尺寸。注意：此处需要输入半角逗号才有效。输入后，点击回车键即可绘制指定大小的矩形。

图 2-1-20　锁轴绘制　　　　图 2-1-21　对角线绘制

小贴士：

　　矩形绘制后，在不进行其他任何操作的情况下可以通过再次输入数值进行二次调整。例如，先绘制了一个 500×500 的矩形，绘制后可以通过"600,"或者",600"单独对矩形的长或宽进行调整，也可以同时对长、宽进行调整，如"600,600"。

除了左下角提示的几个常用功能外，矩形绘制模式还隐藏着几个特殊的捕捉模式。在绘制矩形的过程中，拖拽鼠标使图形接近正方形，系统会自动捕捉点来绘制正方形（图2-1-22）。鼠标移动使之接近黄金分割比例时，系统同样会自动捕捉并且提示当前绘制的矩形为黄金分割矩形（图2-1-23）。

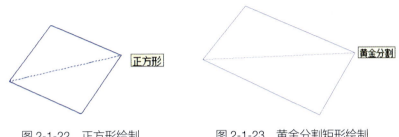

图2-1-22 正方形绘制　　　　图2-1-23 黄金分割矩形绘制

（4）旋转矩形

从绘制模式上讲，该模式可以称为三点绘制矩形。该模式下需要通过点击两个位置确认矩形的第一条边，然后从空间中确定第三个点来绘制一个矩形。

激活工具后会出现一个量角器，找到第一个点点击左键（图2-1-24），再移动鼠标到第二个点并点击左键，确定第一条边（图2-1-25）。在绘制第二个点时，可以通过输入数值确定第一条边的长度。再移动鼠标到第三个点点击左键确定一个平面（图2-1-26）。在绘制第三个点时，可以通过"长度+角度"的方式确定点的具体位置。

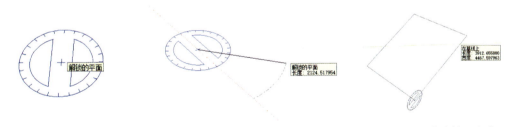

图2-1-24 确认第一个点　　　图2-1-25 确认第二个点　　　图2-1-26 确定第三个点

（5）圆

激活工具，点击第一个点设置圆心，移动鼠标到合适位置点击左键确定圆的半径，即完成圆的绘制，绘制过程中可以通过输入数值确定圆的半径（图2-1-27）。

还可以通过输入数值+S的方式调整圆的段数，该操作在绘制前或者绘制后都可以完成。激活工具，先输入16S并按回车键，鼠标悬停在画面中会看到右下角有相应的提示，然后再按照正常的绘制顺序绘制圆即可（图2-1-28）。在圆绘制结束后也可以通过数值+S的方式进行调整。

除了数值修改，还可通过Ctrl+或者Ctrl-的方式对圆弧的段数进行增减（图

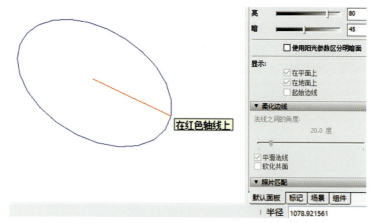

图 2-1-27　圆绘制

图 2-1-28　设置圆的段数　　　　　图 2-1-29　配合 Ctrl 键设置段数

2-1-29）。此操作通常在绘制完后执行，可比较方便地观察圆弧的增减对图形的具体影响。

（6）多边形

多边形的基本用法和圆几乎相同，最大的区别在于多边形绘制时可以通过 Ctrl 键切换外切绘制或者内切绘制，其余绘制方式，如数值确定半径、Ctrl+ 和 Ctrl− 修改半径等可以参考圆的绘制方式。

（7）圆弧、两点圆弧、三点圆弧

圆弧绘制方式有三种：第一种方式是圆弧，首先确定圆心，然后依次确定圆弧的两点，完成圆弧绘制（图 2-1-30）；第二种方式是两点圆弧，先通过两点确定弦长，然后通过第三个点确定弧高，完成圆弧绘制（图 2-1-31）；第三种方式是三点圆弧，需要通过三次点击确定圆弧上的三个点，完成圆弧绘制（图 2-1-32）。

图 2-1-30　第一种方式　　　　　图 2-1-31　第二种方式　　　　　图 2-1-32　第三种方式

小贴士：

在使用第二种和第三种圆弧绘制工具时，有一个实用的技巧，例如，需要对矩形切圆角，激活工具后，在一条边上点击左键（图 2-1-33），然后拖动鼠标到另一条边靠近相切的位置，系统会自动以紫色高亮显示圆弧线条（图 2-1-34），此时双击鼠标左键即可（图 2-1-35）。此方法可以快速地对边角进行倒角处理，除了直角，对锐角和钝角也可以执行相同操作。

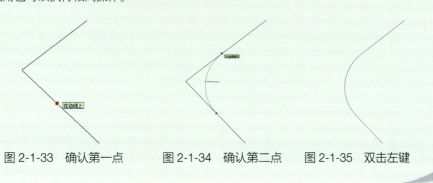

图 2-1-33　确认第一点　　图 2-1-34　确认第二点　　图 2-1-35　双击左键

（8）扇形

通过确定三点绘制扇形，激活工具后，第一点确定圆心，第二点确定圆弧第一个点，第三点确定圆弧第二个点，依次点击即可完成扇形绘制。绘制过程中可以通过数值确定扇形半径和角度（图 2-1-36）。

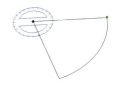

图 2-1-36　扇形绘制

3. 掌握编辑工具栏

该工具栏主要用于对模型进行二次修改，主要包括以下工具：移动（M）、推/拉（P）、旋转（Q）、路径跟随、缩放（S）、偏移（F）（图 2-1-37）。

（1）移动

最常用的编辑工具之一，除了能够移动物体以外，配合功能键还可以实现复制、

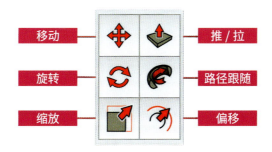

图 2-1-37　编辑工具栏

阵列等操作。

①移动操作　激活工具后点击需要移动的物体，或者先选择要移动的多个物体再激活工具，然后单击鼠标左键确定参考点，再移动鼠标到需要的位置并点击，即可完成一次移动操作。

②复制操作　选择物体，激活工具，按住 **Ctrl** 键把物体移动到目标位置，点击鼠标，即在目标位置复制出一个新的模型（图 2-1-38）。

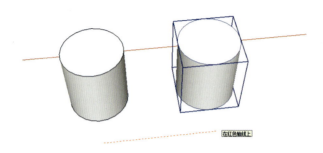

图 2-1-38　复制

③阵列操作　当完成了复制操作后，直接输入数值 +x/*，如输入"5x"或者"5*"，然后按回车键，模型会按照复制出来的间隔沿复制方向继续复制出 5 份。如果需要移动很长的距离，然后让模型在这个距离中平均分布，则可以把"5x"或者"5*"改为"/5"，然后按回车键，即可实现均分（图 2-1-39）。

图 2-1-39　阵列

小贴士：
　　"移动"工具在移动面时有一个特殊的操作，例如，需要把大面中的小面向上移动，从而让整个图形变成一个梯台，会发现默认情况下小面只能贴合大面移动，无法提起（图 2-1-40），此时只需要按住 Alt 键，再向上移动（图 2-1-41）。

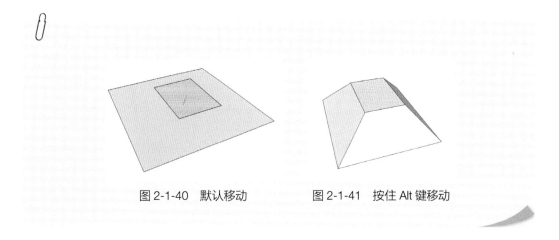

图 2-1-40　默认移动　　图 2-1-41　按住 Alt 键移动

（2）推/拉

"推/拉"工具是把一个面推出一定的距离变成一个有厚度的物体，或者推拉原本物体的面改变物体的厚度等。

如果需要将面推拉成一个盒子，只需要激活工具，把鼠标移动到面上点击一下，然后移动鼠标到需要的厚度，再次点击（图 2-1-42、图 2-1-43）。

推拉时可以通过点击 Ctrl 键使推拉的面保留在原地，并推出一个新的体块（图 2-1-44），但因为 SketchUp 中面、线具有粘连性，这会在模型内部留下一个面（图 2-1-45），而导致后续的一些操作不能正常进行，所以通常不会这样操作。

激活推拉后还可以通过点击 Alt 键来激活拉伸模式。物体的顶部被分成 2 个面（图 2-1-46），默认模式下的推拉会把一个面推出（图 2-1-47），但是在拉伸模式下，会得到类似"移动"工具的效果（图 2-1-48）。

图 2-1-42　无厚度的面　　图 2-1-43　推拉后

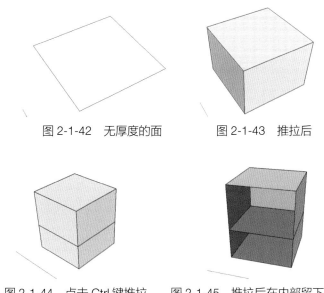

图 2-1-44　点击 Ctrl 键推拉　　图 2-1-45　推拉后在内部留下一个面

 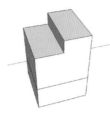 

图 2-1-46　示例模型　　图 2-1-47　默认推拉　　图 2-1-48　拉伸模式下的 Alt 推拉

"推/拉"工具还可以在模型上进行开洞的操作。例如，需要对中间的矩形进行开洞（图 2-1-49），只需要用"推/拉"工具把这个面往背面推，并且在与背面完全重叠处点击左键即可完成开洞操作（图 2-1-50）。

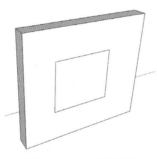 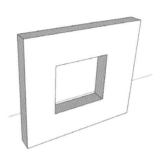

图 2-1-49　示例模型　　　　　　图 2-1-50　推拉开洞

（3）旋转

选择物体后，激活工具，点击左键确定旋转基准点，然后拖动鼠标到目标方向点击一下，即可完成旋转。

在旋转物体的基础上同样可以配合 Ctrl 键来启用阵列或者均分旋转模式。激活"旋转"工具，点击 Ctrl 旋转复制出一个物体后，可以通过输入"数字 +x"或者"数字 +*"，然后按回车键来实现阵列效果（图 2-1-51）。

图 2-1-51　旋转阵列

（4）路径跟随

需要让二维图形沿路径生成模型时，通常会使用路径跟随。

左上角有一个造型线的截面（图 2-1-52），如果需要该造型围绕盒子顶部走完一圈，需要激活"路径跟随"工具并点击造型截面，拖动鼠标会看到有红色指引线（图 2-1-53），然后让鼠标沿着顶部的矩形移动一圈，会看到闭合图形（图 2-1-54），再点击左键即可完成造型放样（图 2-1-55）。

除了上述操作方法外，还可以先选择需要放样的路径（图 2-1-56），然后激活"路径跟随"工具，点击造型截面，完成放样（图 2-1-57）。

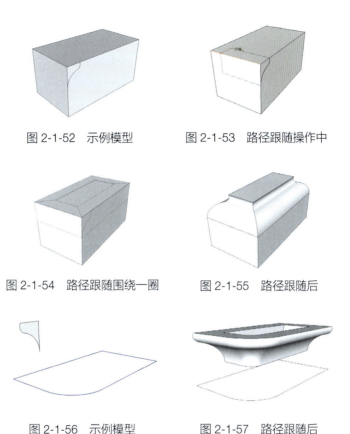

图 2-1-52　示例模型　　　　图 2-1-53　路径跟随操作中

图 2-1-54　路径跟随围绕一圈　　图 2-1-55　路径跟随后

图 2-1-56　示例模型　　　　图 2-1-57　路径跟随后

（5）缩放

选择模型后点击缩放，会看到在模型上出现了若干操作点（图 2-1-58），选择任意一个并点击，然后拖动鼠标，就可以对模型的比例进行调整，调整到合适位置后再次点击即可（图 2-1-59）。

图 2-1-58　缩放操作点　　　　图 2-1-59　缩放后

缩放时可以通过输入具体比例或者具体尺寸进行精确缩放。图 2-1-60 模型长度为 7041mm，激活"缩放"工具后，选择示例中红色位置的点，向前或者向后拖动，然后输入 7000mm 并按回车键，会得到一个长度为 7000mm 的物体。如果只需要让原本的物体按比例缩放，如缩放到原本的 2 倍，则不需要输入单位，直接在缩放的时候输入"2"，然后按回车键即可（图 2-1-61）。

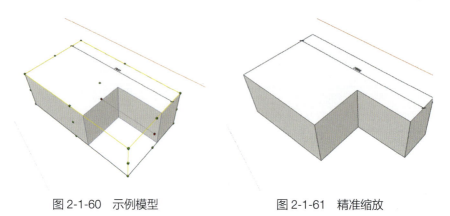

图 2-1-60　示例模型　　　　　　　图 2-1-61　精准缩放

在缩放的时候会发现，除了鼠标操作的点是红色以外，还会有另外一个红色点，这两个点是对应关系。鼠标操作的点是目标点，另一个点是缩放的基准点，可以通过 Ctrl 键来让基准点移动到物体中心，从而实现物体沿中心缩放（图 2-1-62）。模型中心有条线与下方的辅助线是对应的，如果是普通缩放，会导致模型的中线和辅助线偏离（图 2-1-63），但是如果在缩放的时候用 Ctrl 键激活中心缩放，中心线和辅助线则会始终保持对应关系（图 2-1-64）。

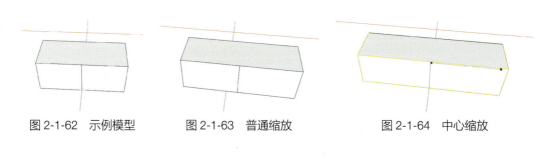

图 2-1-62　示例模型　　　图 2-1-63　普通缩放　　　图 2-1-64　中心缩放

除了中心缩放，大部分对模型的缩放都是等比缩放，等比缩放可以使用 Shift 键来激活。激活"缩放"工具后点击 Shift 键，模型就会等比缩放，这样就可以保证模型的比例不变（图 2-1-65）。

（6）偏移

选择面或者相连共面线后，激活工具，并向面

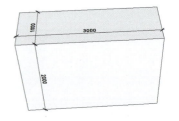

图 2-1-65　等比缩放

的内侧或外侧拖动鼠标，会得到一条偏移线（图 2-1-66）。

在偏移一些角度较小的阴角时，可以通过 Alt 键来切换线条修剪的模式（图 2-1-67、图 2-1-68）。

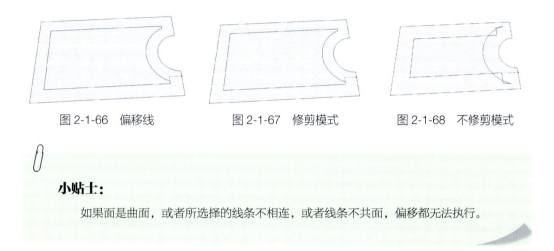

图 2-1-66　偏移线　　　　图 2-1-67　修剪模式　　　　图 2-1-68　不修剪模式

小贴士：

如果面是曲面，或者所选择的线条不相连，或者线条不共面，偏移都无法执行。

4. 掌握建筑施工工具栏

该工具栏主要用于对现有模型进行辅助说明，如参考线绘制、尺寸标注及文字说明等。主要包括以下工具：卷尺（T）、尺寸、量角器、文字、轴、3D 文字（图 2-1-69）。

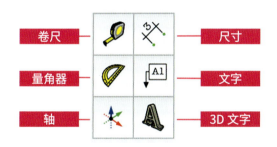

图 2-1-69　建筑施工工具栏

（1）卷尺

①测量尺寸　建模过程中需要借助该工具临时测量尺寸。例如，对椅子的坐面高度进行测量（图 2-1-70），就可以点击图标激活"卷尺"工具，在地面位置点击左键，再把鼠标沿着 Z 轴方向向上移动到和坐面齐平的位置并悬停鼠标，"卷尺"工具会给出坐面的高度。

②测量数据　"卷尺"工具还可以很便捷地测量出其他数据。激活工具后，鼠标直接悬停在需要测

图 2-1-70　尺寸测量

量数据的边线或者面上,"卷尺"工具会自动给出相应数据。例如,鼠标悬停在线上,会给出线的长度(图2-1-71);悬停在点上(如端点、中点),会给出点的三维坐标(图2-1-72);悬停在面上,会给出面的面积(图2-1-73)。

③绘制辅助线　绘制辅助线是"卷尺"工具的另一个重要功能。例如,需要在墙面上开一个尺寸精确的洞口(图2-1-74),应提前绘制辅助线,激活工具后将鼠标移动到边线上点击并向目标位置拖动鼠标,再次点击鼠标即可生成一条辅助线(图2-1-75)。在拖动鼠标的过程中可以通过输入数值并按回车键来确定辅助线偏移的具体尺寸,也可以在生成辅助线后再输入数值并按回车键来调整辅助线位置,但是输入数值前不可以进行任何其他操作,否则无法调整。

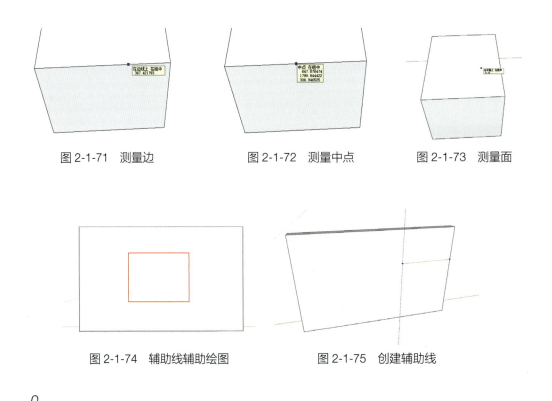

图2-1-71　测量边　　　　图2-1-72　测量中点　　　　图2-1-73　测量面

图2-1-74　辅助线辅助绘图　　　　图2-1-75　创建辅助线

小贴士:
　　如果绘制辅助线的时候鼠标第一个点击的位置是点,那么拖动鼠标后生成的也是一个辅助点而不是一条辅助线。

④比例匹配　这是非常实用的功能,当从外部导入一个模型到SketchUp中时,模型的比例可能并不符合要求甚至不符合物理现实,例如,示例中的椅子坐面离地高度

超过 1m（图 2-1-76），明显过高，需要对该模型进行缩放，但是以现有数据与实际数据相除计算缩放比例，效率过低。此时先进入需要调节比例的组内，然后激活"卷尺"工具并按 Ctrl 键，切换到比例调整模式，在地面和坐面高度依次点击鼠标左键，输入坐面到地面的实际高度，如 450，按回车键，在弹出的提示面板中点击"是"（图 2-1-77），则完成该物体的比例调整。调整后再次测量地面到坐面的高度，会发现尺寸已经恢复正常（图 2-1-78）。

图 2-1-76　示例模型　　　　图 2-1-77　缩放提示　　　　图 2-1-78　缩放后

（2）尺寸

除了临时测量尺寸外，一些测量数据需要在模型空间中一直显示，这时需要用到"尺寸"工具。"尺寸"工具的用法和"卷尺"工具类似，激活工具后在需要测量的线条两端依次点击并拖拽到需要放置尺寸的位置，再次点击左键即可（图 2-1-79）。

除了手动点击两点进行测量外，"尺寸"工具也有类似"卷尺"工具的快速测量方法。激活工具后，鼠标悬停在线上，当线高亮显示的时候（图 2-1-80），点击并将其拖动到需要放置尺寸的位置，再次点击左键即可完成一个尺寸的创建（图 2-1-81）。

除了直线，激活工具后鼠标悬停在圆或者圆弧上，也可以通过上述操作直接测量出圆的直径和圆弧的半径（图 2-1-82）。

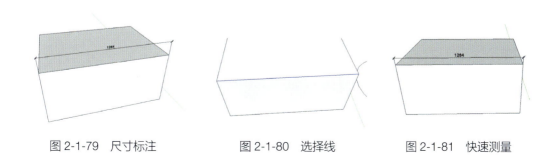

图 2-1-79　尺寸标注　　　　图 2-1-80　选择线　　　　图 2-1-81　快速测量

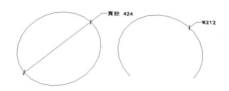

图 2-1-82　快速测量圆的直径和圆弧的半径

（3）量角器

量角器是测量角度的工具，使用简单，但是使用场景非常少。激活工具，找到量角器测量的起点点击确定量角器位置，然后将鼠标移动到需要测量角度的第一条线上并点击，再移动鼠标到第二条需要测量的线上悬停，就可以在右下角数值栏里看到两条线之间的角度（图 2-1-83）。

除了测量角度外，还可以在激活工具后通过 Ctrl 键切换到辅助线绘制模式。辅助线绘制与测量角度的操作一样，只是最后悬停在第二条线上以后，需要通过点击左键来创建一条特定角度的辅助线（图 2-1-84）。

图 2-1-83　角度测量　　　　　　　　图 2-1-84　辅助线绘制

（4）文本

可以在模型空间中给物体添加文字标签。激活工具，并点击需要备注的物体，然后拖动鼠标到文字需要放置的位置即可，放置后可以手动输入备注信息对模型进行辅助说明（图 2-1-85）。除了手动输入外，文本也会根据第一次鼠标点击位置所指向的物体给出不同的信息，如点的坐标、线的长度、面的面积、弧线的长度（图 2-1-86）。

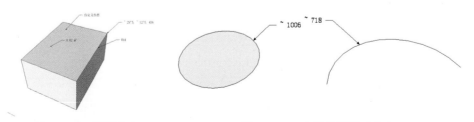

图 2-1-85　放置文本　　　　　　　　图 2-1-86　自动放置尺寸文本

(5）轴

此工具可以更改模型空间或者群组和组件的轴向。激活工具后把鼠标移动到需要重新放置轴的位置，然后三击鼠标左键。如果是更改组件的轴，更改后退出编辑模式时会弹出提示，点击"是"即可（图 2-1-87）。

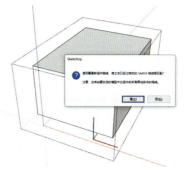

激活工具后点击一次鼠标确定轴心的位置，然后拖动鼠标确定 X 轴（红轴）方向，确定后点击左键，再次拖动鼠标左键确定 Y 轴（绿轴）方向，确定后点击左键，即可完成新坐标

图 2-1-87　设置轴的确认对话框

轴的设定，Z 轴会根据 X 轴和 Y 轴的方向自动确定，无须特殊设置。

(6）3D 文字

在制作商店招牌时通常会用到"3D 文字"工具。激活工具，弹出文本输入框（图 2-1-88），在上方输入需要的文字后，在下方进行常规的字体设置，设置好后点击放置，然后在模型空间找到目标位置点击左键即可（图 2-1-89）。

图 2-1-88　文本输入框　　　　　图 2-1-89　立体文字

小贴士：

"形状"选项关闭时，生成的文字只是没有厚度的线，文字内部也不会形成面（图 2-1-90）；"已延伸"默认自动勾选，后方的数值控制文字的厚度，不勾选时，文字不会产生厚度，只是一个没有厚度的面（图 2-1-91）。

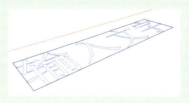

图 2-1-90　文字以线的状态生成　　　图 2-1-91　文字以面的状态生成

【巩固训练】

尝试绘制生活中常见的事物，如桌椅、柜子等，并通过使用增强操作的熟练度。

任务 2-2　了解群组与组件

【工作任务】

群组和组件作为 SketchUp 建模过程中的一种特殊形式，可以为用户提供便利，合理的分组可以使得模型便于修改。本任务讲解了群组和组件的异同点和两者的操作方式，对特殊的组件——动态组件也进行了介绍。

通过本次任务，使学生能根据模型的实际情况选择合适的组件创建方式，并且能够熟练地调用组件库的模型以丰富模型场景。

【任务分解】

序号	任务名称	任务内容
1	了解群组与组件	介绍群组与组件的基本功能，建模中能够区分并灵活选用
2	了解动态组件	介绍动态组件的特点，会调用动态组件

【任务实施】

1. 了解群组与组件

（1）区分群组与组件

SketchUp 中组细分为两种，一种是群组，另一种是组件，各自有着不同的属性。

组件的特征之一是相同组件之间可以保持联动，进入其中一个组件进行修改时，其他相同组件会同时修改（图 2-2-1）。但对相同群组进行操作时，每个群组之间并不会产生联动（图 2-2-2）。如建筑中的柱子、园林中的花窗等，需要统一调整参数时，使用组件建模会更加便利。

如果选择 A 组件，点击鼠标右键，选择"设置为唯一"（图 2-2-3），系统将组件重命名为 A#1 组件（实际名称变化以 SketchUp 为主），此时模型中存在一个 A 组件和一个 A#1 组件，将两个组件复制，A 组件之间存在联动性，同理 A#1 组件，之间也存在联动，但是 A 组件和 A#1 组件之间具有独立性。

（2）创建组件

选择需要被制作成组件的线、面，点击制作组件的图标或单击鼠标右键选择

项目 2 / 掌握 SketchUp 基础建模工具

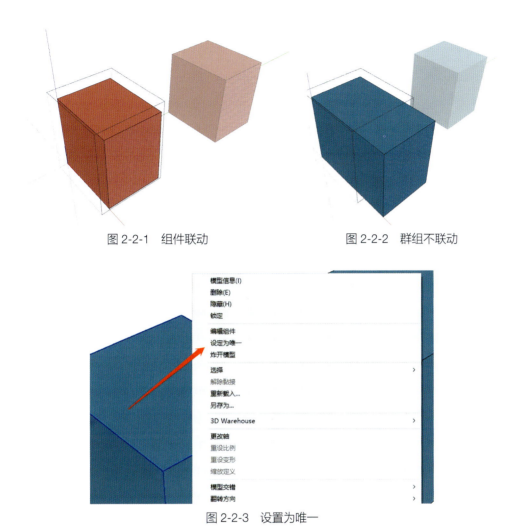

图 2-2-1　组件联动　　　　　　　　图 2-2-2　群组不联动

图 2-2-3　设置为唯一

"创建组件",会弹出一个"创建组件"面板,点击"创建",即完成创建组件的操作。在"创建组件"面板中可以对组件的属性进行以下调整(图2-2-4):

①常规

定义:给组件输入一个名称进行定义,定义的名称是唯一的,同一个模型中不可以存在2个相同定义的组件,如果输入的定义与其他模型重复,系统会出现弹窗并给出相应提示(图2-2-5),如点击"是",则会把原本的模型替换成当前创建的模型。

描述:输入一段文字对组件进行描述,可以补充一些面板中没有表达清楚的信息。通常情况下,描述功能很少使用。

图 2-2-4　"创建组件"面板

45

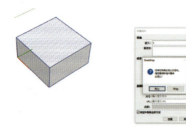 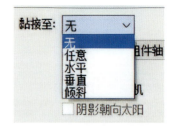

图 2-2-5　创建组件弹窗提示　　　　图 2-2-6　"黏接至"选项

②对齐

黏接至：创建组件时可以根据需要选择黏接类型，每个选项对应不同的黏接方式（图 2-2-6）：

——无：该模式下创建的组件不具备任何黏接功能，从组件列表中拖动一个组件到视口中时，组件放置的方向是和创建时的状态保持一致的。

——任意：该模式下创建的组件可以黏接在任意物体表面，黏接的模型会自动拾取垂直于面（图 2-2-7）。

图 2-2-7　黏接组件自动拾取垂直于面

——水平、垂直、倾斜：该模式下创建的组件只可以黏接在水平面、垂直面或倾斜面。当拖拽模型移动到非水平面、非垂直面或非倾斜面时，鼠标会显示禁止符号，模型不可以被放置。

设置组件轴：创建组件时，会把组件的轴默认设置在靠近坐标轴原点，并且保持组件的轴向和坐标轴相同（图 2-2-8）。如果需要对轴的位置和方向进行设置，则需要点击"设置组件轴"，然后将鼠标移动到目标位置后点击，确定新原点位置。拖动鼠标到目标方向点击左键设置 X 轴，再次拖动鼠标到目标方向点击左键设置 Y 轴，系统会再次弹出"创建组件"面板，点击"创建"即可（图 2-2-9）。

切割开口：切割开口是组件的一个特殊功能，它允许组件在放置到物体表面的时候对物体进行模型开口的操作。首先绘制一个立方体，并且在立方体上绘制一个圆形，选择圆形的面和边线并创建组件，然后勾选"切割开口"（图 2-2-10），创建后模型从视觉上并不会与普通组件有区别。

进入圆形组件内，将其向墙体内推拉，并删除与墙面重合部分的面，墙体会出现

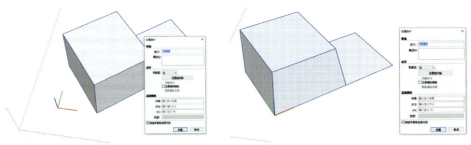

图 2-2-8　默认轴位置　　　　　图 2-2-9　修改组件轴

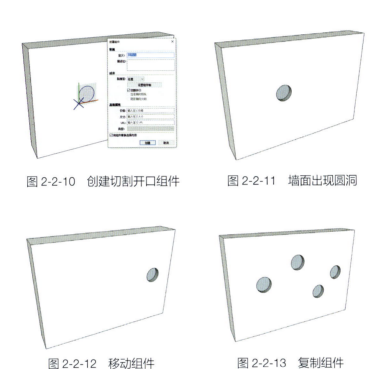

图 2-2-10　创建切割开口组件　　　图 2-2-11　墙面出现圆洞

图 2-2-12　移动组件　　　　　图 2-2-13　复制组件

圆洞（图 2-2-11）。移动圆形组件，洞口也会随着组件移动（图 2-2-12）。复制多个圆放置在立方体的其他位置，同样可以开出洞口（图 2-2-13）。

小贴士：
　　组件创建时的原始面必须和被切割的面完全重合才可以实现开洞口操作，SketchUp 默认会对开口组件添加"黏接至"属性，导致组件无论如何移动，都只能贴着被切割的面。此时只需对组件单击右键，即可解除黏接。

总是朝向相机：该选项会让创建的组件始终有一个面是正对相机的。勾选"总是朝向相机"后，点击"创建组件"，当相机转动时，组件也跟随同步转动。注意，即便组件会始终跟随相机转动，但是组件的 Z 轴会始终保持默认方向。

阴影朝向太阳：该选项必须要提前打开"总是朝向相机"才可生效。勾选该选项之前需要在右侧的面板中找到阴影设置，点击"阴影"标签左上角的图标，才能够让模型产生阴影，否则不会产生视觉效果（图 2-2-14）。

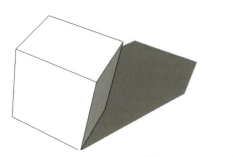 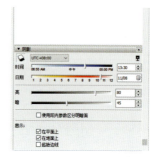

图 2-2-14　阴影效果

小贴士：

　　同时勾选"总是朝向相机"和"阴影朝向太阳"后会发现模型的阴影发生错位，这是因为勾选该选项后，只会根据创建组件时模型的状态产生投影，而当物体随着相机旋转而旋转时，阴影是不会跟随移动的（图 2-2-15）。如不勾选"阴影总是朝向太阳"，阴影会随着模型的旋转而旋转，该状态下比较符合实际（图 2-2-16）。

 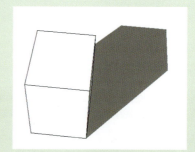

图 2-2-15　勾选后阴影错位　　　　图 2-2-16　不勾选阴影正确

③高级属性

价格、尺寸、URL：模型的制作者可以选择把模型对应的价格、尺寸、URL 写在这一栏中，让 SketchUp 使用者能够清楚该模型的详细信息。

类型：该选项与 BIM 系统相关，此处不做讲解。

④用组件替换选择内容　勾选该选项后并点击创建，模型会被直接变成组件；如果不勾选该选项，点击创建后，选择的模型依然是散乱的状态。

（3）**导出和替换组件**

①导出组件　制作好的组件可以保存起来，方便重复使用。在组件上单击鼠标右键，选择"另存为"选项，选择保存位置，命名后点击"保存"即可。

小贴士：
　　另存的组件为了能够兼容低版本的 SketchUp 使用，通常会保存成低于当前 SketchUp 的版本，保存之前选择需要的版本即可。

②替换组件　模型制作过程中经常需要对模型进行替换。例如，室内建模时，需要频繁地更换家具款式；建筑设计时，需要频繁地更换配景模型。在组件上单击鼠标右键，选择"重新载入"选项，在弹出的对话框中选择模型并替换即可，替换后的模型会自动匹配坐标轴的位置和方向。

（4）**创建和取消群组**

①创建群组　选择模型，右键单击选择"创建群组"即可。

小贴士：
　　创建群组并不会像组件一样弹出一个设置面板来设置详细属性，由此可见群组在 SketchUp 中仅作为一个规范化管理模型的手段，组件的大部分特性，群组都是不具备的，如黏接至、切割开口、高级属性等。

②取消群组　选择群组，右键单击选择"炸开模型"，即可恢复为未成组状态。该操作用于取消组件。

（5）**编辑群组/组件**

成组的物体在组外只能进行位移、旋转、移动等基本操作，而不能对其形态进行编辑，只有双击群组/组件或对群组/组件单击右键选中编辑组选项（图2-2-17），进入群组/组件编辑状态（图2-2-18），才可以对模型的线和面进行编辑。处于可编辑状态的群组/组件，周边会出现虚线的边界框。模型修改完成后，右键单击选择"关闭组"，即可退出编辑模式，也可使用ESC按键快速退出编辑模式。

（6）**锁定和解锁群组/组件**

选中群组/组件，右键单击选择"锁定"选项，锁定后的群组/组件边界框会以红

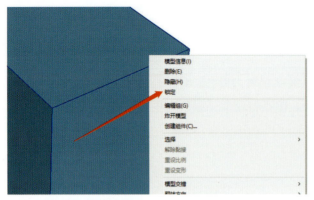
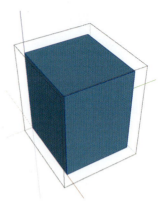

图 2-2-17　编辑群组选项　　　　　图 2-2-18　群组编辑状态

色显示（图 2-2-19）。在锁定模式下，群组/组件无法编辑。右键单击选择"解锁"选项，即可取消锁定状态。

（7）使用组件库

在菜单栏中选择窗口，点击"3D Warehouse"，即可打开官网模型库，在搜索栏中输入英文关键词进行检索，即可找到相关模型并下载。

组件库除了下载模型，还可自行上传模型。选中组件，单击右键找到"3D Warehouse"的"共享模型"选项，填写上传组件信息后点击上传即可。已上传模型会保存在注册账号中，可以异地登录随时下载使用。

图 2-2-19　群组/组件锁定模式

2. 了解动态组件

动态组件是 SketchUp 中自带的特殊组件，用户可以与组件进行各种形式的交互操作，例如，让一个柜门旋转，让一个移门产生位移，甚至更为复杂的交互都可以完成，也可以通过自身的参数编辑让模型具备参数化模型的特性。

在 SketchUp 的组件浏览器和 3D 模型库中，动态组件具有特别的绿色标识（图 2-2-20）。选择栏杆动态组件，单击"缩放"工具将其拉伸时，栏杆发生变形，但单击鼠标完成操作时，形状未发生改变，只有栅隔的数量增加（图 2-2-21），这就是动态组件的一种类型。

图 2-2-20　动态组件　　　　　　图 2-2-21　动态组件效果

【巩固训练】

制作 1 个组件，对组件进行规范命名，以能够直观地看懂为原则，制作后的组件通过另存的方式保存到自己的计算机上。

任务 2-3　掌握立体造型工具

【工作任务】

在掌握了 SketchUp 基础绘图工具后，本任务将讲解沙盒工具栏、实体工具栏、模型交错工具栏等复杂的建模方法，实现场景的精细化建模。

本任务中，学生需熟练掌握 SketchUp 2021 中的立体造型工具，并能够利用这些工具对简单的模型进行优化，制作复杂的异形模型。

【任务分解】

序号	任务名称	任务内容
1	掌握沙盒工具栏	介绍沙盒工具栏的基本功能，会利用沙盒工具栏绘制地形模型
2	掌握实体工具栏	介绍实体工具栏的基本功能，会使用实体工具栏绘制组合模型
3	掌握"模型交错"工具	介绍"模型交错"工具的基本功能，会使用工具绘制特殊模型

【任务实施】

1. 掌握沙盒工具栏

"沙盒"工具在一些老版本中又叫"地形"工具，其主要作用是制作地形，但是该工具的用法也不只局限在地形制作上。

这个工具是以插件的形式存在于 SketchUp 中，可以在扩展程序管理器中看到"沙盒"工具的选项。之所以是以插件的形式存在，一方面是这个工具较为高级，另一方面是因为其在 SketchUp 操作中使用并不频繁。在扩展程序中，可以方便地对其进行开启和禁用。启用了"沙盒"工具后，在 SketchUp 的空白工具栏处单击右键找到该工具并调出工具栏，该工具栏共 7 个工具（图 2-3-1）。

（1）根据等高线创建

把标准的等高线数据导入 SketchUp 后（图 2-3-2），可以通过这个工具快速生成地形。

图 2-3-1　沙盒工具栏

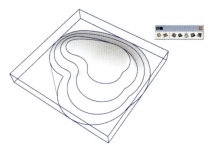

图 2-3-2　等高线　　　　　　　图 2-3-3　地形生成

选择 SketchUp 中的等高线，并且点击该按钮，会在等高线的基础上生成完整的地形（图 2-3-3）。

（2）根据网格创建

如果没有准确的等高线数据而要对一个项目的地形进行完全重建，就需要先绘制一个基础的矩形网格地形。激活工具，找到第一个点点击左键确定矩形起点，然后移动鼠标到第二个点点击左键确定矩形一条边的方向，最后移动鼠标到第三个点点击左键确定矩形第三个点以创建一个完整的矩形网格地形（图 2-3-4）。创建出的矩形是带有网格的，网格大小在激活工具后可以进行设置，只需要在激活工具后输入网格大小并且按回车键（图 2-3-5）。

（3）曲面起伏

地形笔刷可以让用户在一个已经绘制好的面上进行地形绘制，首先确保要操作的面处于当前层（可以直接选择面线即表示处于物体的当前层），激活该工具后把鼠标放置在面上会看到一个圆圈（图 2-3-6），然后找到需要操作的位置点击左键并向上或者向下移动鼠标。移动过程中，被选择的点会呈现被选择的状态，而且越靠近内侧点越大，反之越小（图 2-3-7），这意味着内侧的点在移动的时候距离最大，越向外，移动的距离越小，这种状态也被称为"软选择"。

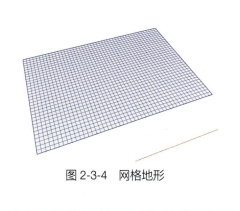

图 2-3-4　网格地形

图 2-3-5　间距设置

项目 2 / 掌握 SketchUp 基础建模工具

 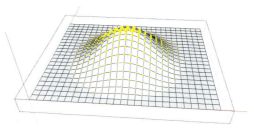

图 2-3-6　范围显示　　　　　　　　　图 2-3-7　起伏操作

在进行地形绘制的时候可以通过数值控制圆圈大小，在激活工具后直接输入需要的数值并按回车键即可。

（4）曲面平整

当需要在一个高低起伏的地形上做出平整地形时，需要用到"曲面平整"工具。首先确定平整地形的大小并绘制相应的图形。绘制一个矩形，并且成组（图 2-3-8），放置在整个地形的上方（注意：此时地形未成组，矩形是成组的）。然后只选择矩形，激活该工具，并且把鼠标放置在需要平整的地形模型上，此时矩形周围会有一圈红线，并且鼠标指向的地形也会处于高亮状态（图 2-3-9）。对着地形点击鼠标左键，地形会出现相应的平地部分（图 2-3-10），并且可以拖动鼠标上下移动来控制平坦地面的高度，拖动到需要的高度后，点击左键即可。

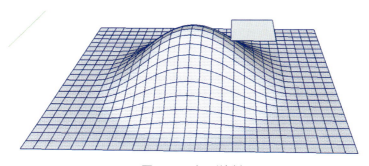

图 2-3-8　矩形绘制

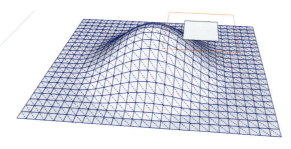 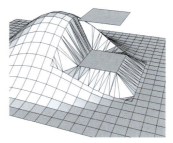

图 2-3-9　对齐位置　　　　　　　　　图 2-3-10　曲面平整

（5）曲面投射

弯曲的地形上如果需要投射一个具体的图形或者线条，可以借助曲面投射来实现。需要对山体投射出一条公路，则可以提前绘制出线条并移动到地形上方（图 2-3-11），然后激活工具，点击地形，可以快速把线条投射到地形上（图 2-3-12）。

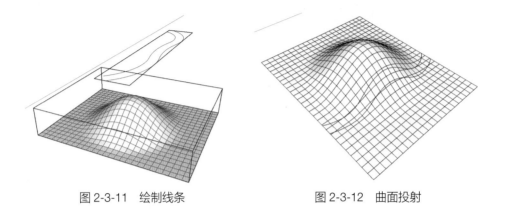

图 2-3-11　绘制线条　　　　　图 2-3-12　曲面投射

（6）增加细部

在绘制地形平面时往往无法预测后面的操作对模型精度的要求。假设地形已经完成雏形，但是后面发现表面的面数不满足造型绘制对细节的要求，就需要对部分面执行细分操作。选择需要增加细节的面，然后点击"增加细部"工具，被选择的面会增加更多的线（图 2-3-13），理论上可以通过此工具无限地对模型增加细分以做出更细致的效果（图 2-3-14）。

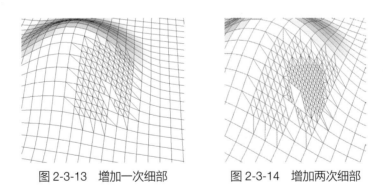

图 2-3-13　增加一次细部　　　　图 2-3-14　增加两次细部

（7）对调角线

"沙盒"工具处理后的面会被自动转换成三角面，三角面实际上是由一个四边面连接对角线形成的，四边面的对角线实际上有两条，此工具可以帮助对对角线进行切换使用。在默认情况下，只需要点击该工具，然后点击需要调整对角线的面即可（图 2-3-15、图 2-3-16）。

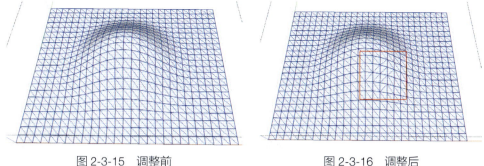

图 2-3-15　调整前　　　　　　　图 2-3-16　调整后

2. 掌握实体工具栏

SketchUp 中的实体工具栏是可以对实体模型进行切割、拆分、交集、并集等操作的一系列工具，在其他三维软件中也被称为"布尔"工具。

在空白工具栏处单击右键找到实体工具栏并调出，该工具栏总共包含 6 个不同的工具，分别是实体外壳、相交、联合、减去、剪辑、拆分（图 2-3-17）。

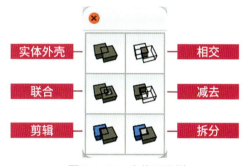

图 2-3-17　实体工具栏

> **小贴士：**
> 选择任意一个成组模型，在图元信息中可以看到该模型的描述，如果群组 / 组件为实体，前方会出现实体字样，未出现实体字样的模型为非实体。
> 以下情况均会导致模型无法成为实体：模型出现破面；模型表面有多余线段；模型中包含多重组件；同时选择两个及两个以上的模型。

（1）实体外壳

此工具和"联合"工具在使用时实际效果相同，会把两个实体模型合并为一个模型。两个模型对角有一定的重叠（图 2-3-18），可以选择两个模型后使用"实体外壳"工具将其合并为一个实体模型（图 2-3-19）。也可以先选择一个模型，再点击"实体外壳"工具，然后点击另一个模型，可以得到一样的结果。

（2）相交

同时选择两个模型后点击"相交"工具，模型仅会保留两者相交的部分（图 2-3-20）。

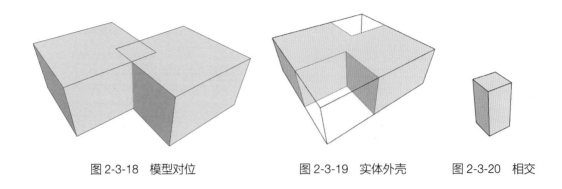

图 2-3-18　模型对位　　　　图 2-3-19　实体外壳　　　　图 2-3-20　相交

（3）联合

与前文提到的"实体外壳"工具功能效果相同（图 2-3-21），具体区别在于代码层级。对于普通用户使用而言，可以理解为两者功能相同。

（4）减去

该工具对模型选择的先后顺序有要求，所以在选择模型时建议逐个选择，而不要一次框选多个模型。选择模型后点击"减去"按钮，系统会用第一个被选择的模型减去第二个被选择的模型，并且第一个模型会消失，留下第二个模型被修剪后的结果（图 2-3-22）。

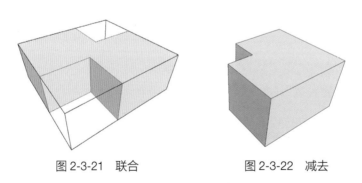

图 2-3-21　联合　　　　图 2-3-22　减去

（5）剪辑

与减去模式类似，但是剪辑后，第一个被选择的模型不会消失（图 2-3-23）。

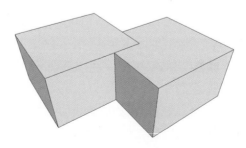

图 2-3-23　剪辑

（6）拆分

该模式与剪辑有相似之处，被选择的两个模型会进行相互裁剪，具体效果如图 2-3-24 所示，左图为拆分前，右图为拆分后，它会把两个模型相交的部分和彼此没有相交的部分分别拆分出来，形成 3 个新的模型。

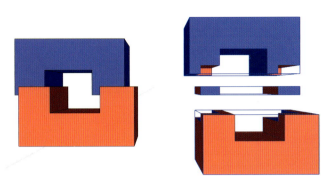

图 2-3-24　拆分后材质融合

> **小贴士：**
> 两个模型在拆分时，彼此的材质也会产生一定程度的融合（图 2-3-24），而且拆分出来的物体即使是不相连的两个部分，也一定会在同一个组内，所以两个物体进行拆分操作，最多只能变成 3 个模型。

3. 掌握"模型交错"工具

模型交错是指两个模型或者两个以上模型之间相互交错或重叠的状态。在 SketchUp 中，模型交错功能可以对交错的模型进行运算，得出模型之间交错部位的轮廓线条。此操作在一些中高难度的进阶建模中经常使用。"模型交错"工具没有单独的工具栏或按钮，仅出现在右键菜单中。

（1）组与组交错

一个立方体和一个圆柱体交叉摆放后对其进行交错（图 2-3-25），交错前模型重叠的位置并没有明显的边线。选中两个模型后单击右键选择"模型交错"→"只对选择模型交错"选项（图 2-3-26），模型交错的位置出现了边线（图 2-3-27）。

再将两个模型分开一定距离，可以看到刚才交错后生成的线条（图 2-3-28），这个线条就是模型交错的产物，它可以方便用户对原模型进行各种加工处理。例如，想在圆柱上抠出一个洞口，只需要把交错得到的线条复制粘贴到圆柱的组内，就可以得到一个圆弧洞口的面（图 2-3-29），删掉这个面，就可以实现在弧面上开洞（图 2-3-30）。

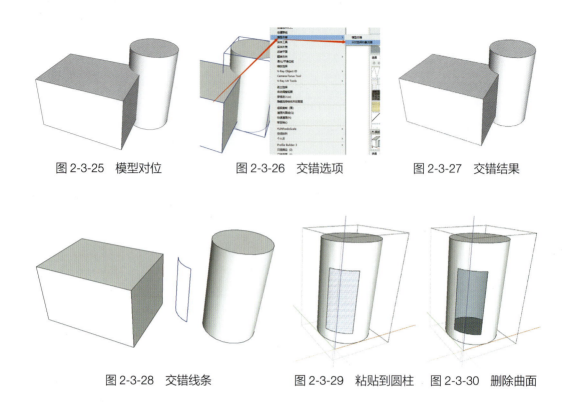

图 2-3-25　模型对位　　　图 2-3-26　交错选项　　　图 2-3-27　交错结果

图 2-3-28　交错线条　　　图 2-3-29　粘贴到圆柱　　图 2-3-30　删除曲面

"模型交错"工具中还有一个选项"模型交错"（图 2-3-31），实际操作中很少使用，本书不做介绍。

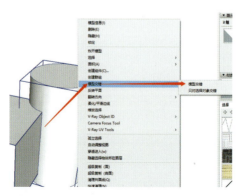

图 2-3-31　模型交错

（2）物体与物体交错

此处的物体是指未成组的模型。两个模型均未成组，靠在一起后没有形成粘连状态（图 2-3-32），这是因为两个物体之间的线条不存在接触。如果需要让它们在交界处产生线条，可以用模型交错功能使两个物体中间出现交界线，彼此粘连（图 2-3-33）。这时对模型进行简单加工会得到几个完全不同的模型。

①删除立方体部分，会得到如图 2-3-34 所示模型，好像在圆柱上加了一个面。当

再次删除这个面的时候,会发现圆柱被立方体切掉了一个带有直角的洞(图 2-3-35)。以上操作的结果与"实体"工具中的"修剪"相似,其最大的区别在于,模型交错对模型是不是实体没有任何要求,所以当需要对非实体进行特定造型制作的时候,不妨尝试用模型交错来制作。

②删除圆柱部分会得到如图 2-3-36 所示模型,再次删除圆角部分会得到如图 2-3-37 所示模型;如果删除的是圆角以外的部分,会得到如图 2-3-38 所示模型。

可以将"模型交错"工具当作是"实体"工具的补充功能,它是在多个模型交界处生成线的工具,至于生成的线如何使用,需要结合实际情况而定。

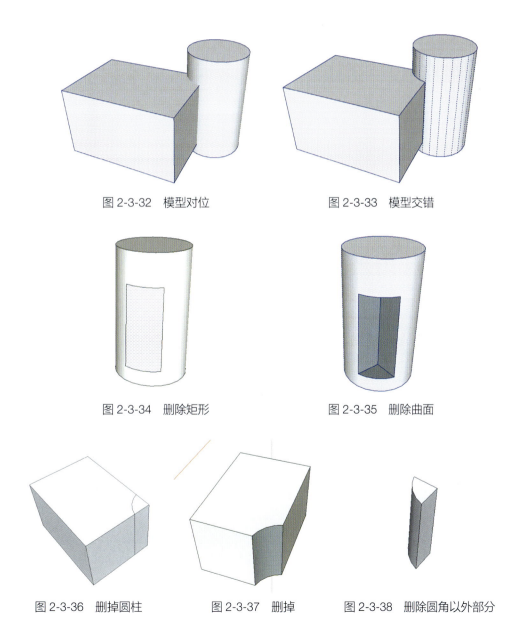

图 2-3-32　模型对位　　　　　　　图 2-3-33　模型交错

图 2-3-34　删除矩形　　　　　　　图 2-3-35　删除曲面

图 2-3-36　删掉圆柱　　图 2-3-37　删掉　　图 2-3-38　删除圆角以外部分

【巩固训练】

根据本任务所讲内容,掌握模型交错和"实体"工具的区别。

任务 2-4　学习其他辅助工具

【工作任务】

本任务主要介绍阴影、材质、漫游的创建方法。

通过本任务,使学生掌握 SketchUp 2021 出图相关设置方法,完成阴影、材质、漫游动画的表达。

【任务分解】

序号	实施步骤	主要内容
1	掌握"阴影"工具面板	SketchUp 可以根据不同时间段的设置模拟光线与模型的光影关系。该部分介绍了如何运用软件完成光照分析等工作
2	掌握"材质"面板	介绍了"材质"面板中的创建、赋予、吸取、导入操作,以便为模型添加材质
3	掌握漫游工具组	介绍了 SketchUp 中的虚拟相机漫游功能,以便在未来工作中能够完成模型群体的漫游动画制作

【任务实施】

1. 掌握"阴影"工具面板

"阴影"工具在不渲染的情况下也可以通过模型来表达光影关系,在进行光照分析等工作时,能提供精准的光照效果。点击"窗口",勾选"阴影"即可打开"阴影"工具面板(图 2-4-1)。

(1)激活阴影

SketchUp 为用户提供的大部分绘图模板,默认是不开启阴影的,在右侧面板中找到阴影标签下的左上角图标点击即可(图 2-4-2)。该图标的启用和禁用效果并不明显,可以通过模型是否产生阴影来判断该功能是否正常开启(图 2-4-3)。

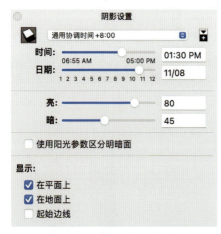

图 2-4-1　"阴影"工具面板

项目 2 / 掌握 SketchUp 基础建模工具

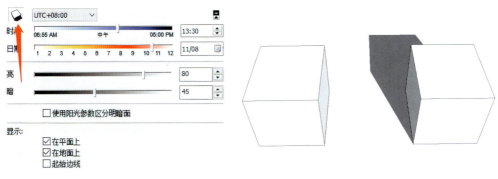

图 2-4-2　激活阴影　　　　　　　　　　　图 2-4-3　阴影效果

（2）设置时间

在阴影图标右侧位置选择与所在地区对应的 UTC（协调世界时，具体 UTC 与当前所在时区的换算关系可以在互联网上查询，这里以北京所在时区即东八时区为例），选择 UTC+08:00 即可。

UTC 时区设置完成后需要对日期以及当日时间进行设置，假设现在需要模拟 11 月 15 日中午 12:00 的阳光照射状态，可以在时间、日期后的菜单中选择对应时间进行设置，也可以直接选择需要修改的日期手动输入（图 2-4-4），设置完成后回到模型中就可以看到阳光的照射效果了（图 2-4-5）。

图 2-4-4　日期设置　　　　　　　　　　　图 2-4-5　阳光效果

（3）设置南北

SketchUp 建模时如出现模型朝向错误，会使模型的光照信息错误。在系统设置中找到快捷方式并且搜索"北角"，会出现对应的工具（图 2-4-6），指定快捷方式，可方便后续打开工具。使用快捷键激活"北角"工具会出现对应的圆形图标，点击并拖动，将粗线条指向阳光照射的方向（图 2-4-7）。

（4）设置亮暗

开启阴影后，实际上模型是在用亮暗两种关系来区分光照，可以理解成亮为阳光位置，暗为阴影位置，所以亮和暗在阴影设置中也是可以单独设置的（图 2-4-8）。当

61

图 2-4-6 "北角"工具

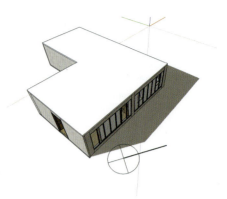

图 2-4-7 定义照射角度

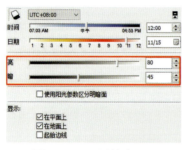

图 2-4-8 阴影单独设置

图 2-4-9 无阳光照射效果

图 2-4-10 亮部值为 100,暗部值为 0

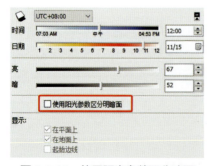

图 2-4-11 使用阳光参数区分暗面

亮暗值完全相同时,画面不具备阳光照射的视觉效果(图 2-4-9)。

当把亮改成最大值 100,暗改成最小值 0,得到的画面光影有明显区别(图 2-4-10)。

(5)使用阳光参数区分暗面

在亮暗调节区域的下方有一个选项"使用阳光参数区分暗面"(图 2-4-11),此设置在不开启阴影的状态下也能得到光照效果。SketchUp 阴影会占用系统资源，开启此功能，可以降低系统占用，又能实现类似阳光照射的效果。

没有开启阴影，也没有勾选"使用阳光参数区分暗面"时画面效果，如图 2-4-12 所示，开启了该选项后会得到整体提亮的效果（图 2-4-13）。

图 2-4-12　默认的效果　　　　　　　　图 2-4-13　整体提亮的效果

（6）投射阴影

在阴影面板的最下方有 3 个选项可以勾选，分别是"在平面上""在地面上""起始边线"。在场景中建立 3 个模型：蓝色圆柱（阴影部分投射在墙面、地面，部分投射在外部）、红色圆柱（阴影全部投射在墙面、地面）和线框圆柱（图 2-4-14）。

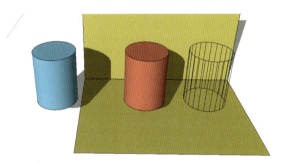

图 2-4-14　阴影投射

①在平面上　当只勾选"在平面上"时，蓝色圆柱的阴影除了墙面、地面部分，外部的阴影完全消失，说明此时阴影只能被投射到具体的模型上（图 2-4-15）。

②在地面上　当只勾选"在地面上"时，除蓝色圆柱有部分阴影投射出来外，其他物体均没有阴影，说明此时阴影会投射到地平面上，而不会投射到其他模型上（图 2-4-16）。

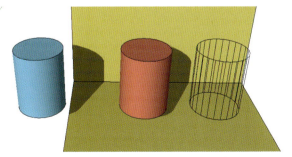 

图 2-4-15　在平面上

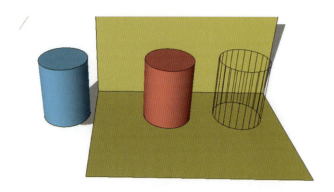

图 2-4-16　在地面上

"在平面上"和"在地面上"两个选项最少有一个选项会被强制打开，如果两个选项同时关闭，模型将不再投射阴影。

③起始边线　当勾选"起始边线"选项后，原本没有面的物体，也会将自身线的阴影投射到对应位置（图 2-4-17）。

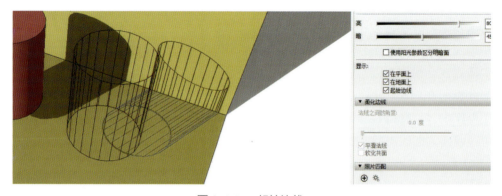

图 2-4-17　起始边线

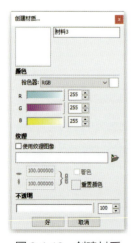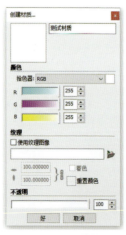

图 2-4-18　创建材质　　图 2-4-19　材质命名

2. 掌握"材质"面板

（1）创建材质

当点击"材质"按钮或者用快捷键 B 激活该功能时，会自动显示出"材质"面板，点击右上角的"+"号图标会弹出"创建材质"面板（图 2-4-18）。

面板弹出后需要对即将创建的材质进行命名，在后期材质较多的情况下，正确地命名材质会便于查找（图 2-4-19）。

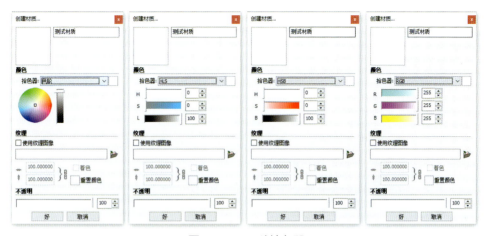

图 2-4-20　4 种拾色器

①拾色器　命名结束后，需要对材质的颜色进行设置。SketchUp 中提供了色轮、HLS、HSB 和 RGB 4 种不同的拾色器（图 2-4-20）。不同的拾色器界面有所不同。

色轮：左侧的色盘可以非常直观地选择目标颜色，选择目标颜色后通过右侧拉杆控制颜色明度。

HLS、HSB：两种模式可以简单地理解成是同一种调色模式，3 条滑杆分别对应色相、饱和度、明度。

RGB：第一条滑杆代表了红色通道，第二条滑杆代表了绿色通道，第三条滑杆代表了蓝色通道。

②纹理　勾选纹理下方的"使用纹理图像"或者点击右下角的文件夹图标，就可以打开弹窗（图 2-4-21），选择需要的纹理，选择文件后，点击打开就可以看到图片已经被加载（图 2-4-22）。点击界面下方的"好"完成材质创建，点击后右侧"材质"面板中就出现了刚才创建好的材质。此时鼠标依然处于材质赋予的状态，选择任意一个没有添加过材质的模型，点击鼠标左键即可完成材质赋予（图 2-4-23）。

图 2-4-21　"纹理"按钮　　图 2-4-22　纹理加载后　　图 2-4-23　赋予材质

③比例　在右侧面板的下方有两个数值可以对材质的比例进行调节，数值变大，则画面中纹理的比例会变大。把材质从 100 调节成 3000 会发现，模型上的材质变得非常清楚（图 2-4-24）。

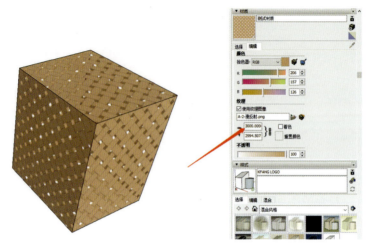

图 2-4-24　调节后材质效果

左侧的按键会复位材质的默认尺寸数据（图 2-4-25）；右侧的按键会取消尺寸关联，让纹理的长宽不再等比缩放（图 2-4-26）。取消尺寸关联后，可以对贴图的长和宽进行单独调整，实现特殊的材质效果。

图 2-4-25　尺寸复位　　　　图 2-4-26　尺寸关联

④着色　"着色"的作用在于贴图更改颜色后可以统一整体色调。在不勾选"着色"的情况下对贴图进行颜色更改，图像的整体色调都在发生变化，而且变化后的色调出现了绿色和紫色两种（图 2-4-27、图 2-4-28）。勾选"着色"后可以让图像的色调统一（图 2-4-29）。

⑤重置颜色　重置颜色可以在对材质进行颜色更改以后快速把色彩恢复到默认状态。

⑥不透明　如果需要表现一些半透明或者全透明材质，如纱、玻璃、水等，需要

图 2-4-27 原贴图

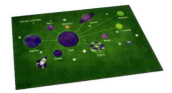
图 2-4-28 修改颜色不勾选"着色"

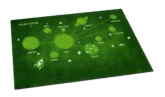
图 2-4-29 修改颜色勾选"着色"

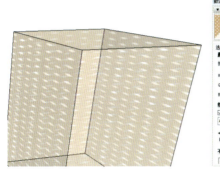

图 2-4-30 不透明度

对透明度进行调节。数值越小透明效果越明显,把数值从 100 改成 30 可以发现,原本的材质已经出现了非常明显的透明效果(图 2-4-30)。

(2)赋予材质

除了任务 2-1 中介绍的直接点击模型赋予材质,赋予材质还有另外 3 种方法。

①批量赋予材质 提前选中需要赋予材质的模型中的所有面、线,再通过点击鼠标左键批量赋予材质。

②批量赋予相连材质 激活"材质"工具后,按住 Ctrl 键激活"涂刷相连的所有项"模式,点击其中的任意一个面,会把所有相连的面批量赋予相同材质(图 2-4-31)。

③批量赋予相同材质 激活"材质"工具后,按住 Shift 键激活"涂刷所有匹配表面"模式,该模式下所有相同材质的面会被批量赋予新材质(图 2-4-32)。

图 2-4-31 批量赋予相连材质

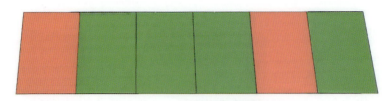

图 2-4-32　批量赋予相同材质

（3）吸取材质

除了创建材质，也可以通过吸取场景中已有的材质进行重复利用。按 B 键激活"材质"工具后，可按住 Alt 键使图标变成吸管，在想吸取材质的模型上点击左键，即可把该材质吸取到右侧的材质编辑区域。

（4）导入材质

点击"材质"面板的右侧箭头图标选择打开和创建材质库，在弹出的面板中找到材质存放的文件夹，选择 .skm 后缀的文件，即可在 SketchUp 材质面板中看到导入的材质。

3. 掌握漫游工具组

漫游工具组是模拟人在空间中行走的一套工具，这种趋近于模拟现实感受的操作，可以增加方案演示过程的沉浸感。该工具组共包含 4 个工具（图 2-4-33）。

图 2-4-33　漫游工具组

（1）定位相机

模型制作完成后需要对模型进行场景设定。点击"定位相机"功能，首先找到需要创建场景的位置，再按住鼠标左键不放，移动鼠标到相机需要观察的方向，然后松开鼠标（图 2-4-34），视口会自动匹配设定好的方向（图 2-4-35）。视口匹配后系统会

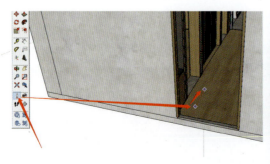

图 2-4-34　定位相机

图 2-4-35　相机定位后

自动切换到绕轴旋转的工具状态，此状态下可以设定相机的高度。

（2）**绕轴旋转**

设置相机时一般以地面为捕捉点，此时需要用"绕轴旋转"工具将相机的高度设置为人眼的正常高度。如果是在定位相机操作后，系统会自动帮助切换到该功能。右下角的数据栏会有视点高度字样（图2-4-36），输入需要的视点高度数据。此处以1400mm高度为例，输入完成后按回车键，SketchUp视口的高度会自动进行匹配（图2-4-37），通过这样的操作可以创建出横平竖直的相机。

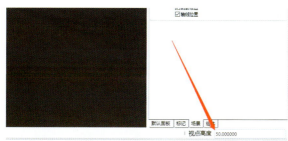 

图 2-4-36　视点高度　　　　　　　　图 2-4-37　输入后视口高度自动调整

（3）**漫游**

把当前的角度移动到室内，然后激活"漫游"工具，此时只需要按住鼠标左键向前或向后拖动即可完成行走。

因为"漫游"工具是模拟行走状态，所以遇到上下台阶，视口高度也会相应抬升和降低。此工具默认状态下是无法穿墙的，可以搭配 Ctrl 键、Shift 键或者 Alt 键来实现不同的功能（图2-4-38）。

图 2-4-38　漫游操作提示

（4）**剖切面**

如需要从右侧往左侧观察模型，为场景创建对应方向的剖切面，可点击"剖切面"按钮，鼠标会出现一个带有箭头的面，说明已经激活剖切面状态，此时只需要在目标与目标方向平行的墙面上点击鼠标即可（图2-4-39）。成功创建剖切面后会在模型空间中看到一个带有剖切符号的平面，并且剖切面箭头方向的模型会正常显示，箭头后方的模型则会消失，至此完成一个剖切面的创建（图2-4-40）。

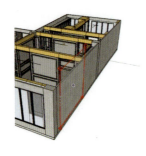

图 2-4-39　放置剖面　　　　图 2-4-40　剖切模型

【巩固训练】

1. 完成模拟中午 12:00 的光影效果制作。
2. 完成材质的创建。
3. 完成大厅的漫游相机操作。

任务 2-5　了解 SketchUp 插件

【工作任务】

对于一些外观较为复杂的模型，SketchUp 中自带的工具无法满足建模的需要，此时需要借助 SketchUp 中的插件。正确地选用插件可以大幅提高建模效率，更准确地完成复杂模型的制作。

通过本次任务，能够根据实际需要搜索插件并将其正确安装在 SketchUp 中，利用插件完成原本步骤烦琐或无法完成的建模任务。

【任务分解】

序号	任务名称	任务内容
1	了解扩展程序管理器	介绍扩展程序管理器的功能以及使用方法，引导用户自主安装插件
2	了解常用插件	介绍 SketchUp 常见插件的界面以及使用方法

【任务实施】

1. 使用扩展程序管理器

在 SketchUp 中除了使用官方自带的工具外，还可以通过扩展程序管理器安装第三方开发的插件提高软件的使用效率。

（1）获取和下载插件

依次点击"扩展程序"→"Extension Warehouse"（图 2-5-1），打开官方的插件窗口。如果未注册过 SketchUp 账号，会弹出面板提示登录，点击登录后会跳转到网页（图 2-5-2），登录 Trimble 账号即可。网页登录后会提示可以在 SketchUp 中下载和使用插件，回到 SketchUp 会发现 Extension Warehouse 的页面已经正常加载出来（图 2-5-3）。

图 2-5-1　插件仓库位置

图 2-5-2　跳转网页

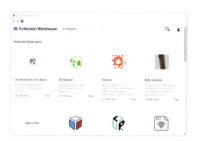

图 2-5-3　插件仓库（1）

在上方的搜索栏中输入插件名称搜索即可（图 2-5-4），搜索出的插件右下角会写明免费或者收费，这里以免费插件示意，点击插件图标跳转页面（图 2-5-5）。

点击右下角 Install 后系统弹窗提示是否安装（图 2-5-6），点击"是"，稍后插件安装完成会再次弹出弹窗提示（图 2-5-7）。

点击"确定"即可完成插件安装。插件安装后通常可以在以下两处找到：菜单栏→"扩展程序"（图 2-5-8）；空白工具栏处右键单击，然后在列表中寻找安装的插件（图 2-5-9）。

图 2-5-4　插件仓库（2）

图 2-5-5　插件详情页

图 2-5-6　安装弹窗　　　　　　　图 2-5-7　成功弹窗

 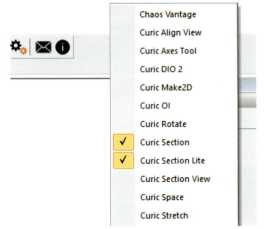

图 2-5-8　菜单中的插件　　　　　图 2-5-9　工具栏中的插件

图 2-5-10　扩展程序管理器位置

点击菜单栏→"扩展程序"→"扩展程序管理器"（图 2-5-10）后打开 SketchUp 的插件管理器查看，如在管理器中可以看到安装好的插件就表示插件已经正确安装。

除了通过官方的插件网站安装插件，还可以直接安装已经下载的插件安装包。点击"扩展程序管理器"，在左下角点击"安装扩展程序"，并且在弹出的"文件选择"面板中找到 ".rbz" 后缀的插件安装包，点击"打开"即可完成插件安装。

（2）卸载插件

在扩展程序管理器中点击"管理"，点击插件后方的"卸载"按键，会弹出确认卸载的弹窗，点击"卸载"即可，卸载后需重启 SketchUp。

（3）启用/禁用插件

打开扩展程序管理器，找到需要启用或者禁用的插件，点击"启用"/"禁用"。插件从禁用状态切换到启用状态，SketchUp 会自动加载插件；从启用状态切换到禁用状态，需要在下一次启动 SketchUp 时才会生效。

2. 了解常用插件

（1）倒角插件

在 SketchUp 中想要让硬边角的物体变成圆角，仅靠自带的工具是很难实现的，倒角（FredoCorner）插件可以快速地对物体进行倒角（图 2-5-11），并且可以对倒角进行各种参数调节。

（2）拉伸插件

SketchUp 系统自带的缩放会让造型被严重拉伸（图 2-5-12），但是拉伸插件可以让模型在保持造型比例不变的情况下更改尺寸（图 2-5-13）。

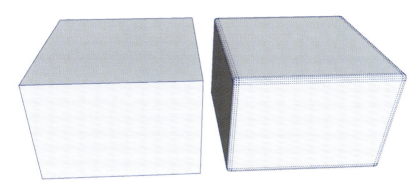

图 2-5-11　立方体倒角

图 2-5-12　SketchUp 自带缩放　　　　图 2-5-13　拉伸插件缩放

（3）联合推/拉插件

直接用"推/拉"工具对圆弧造型进行推拉，系统会提示无法推拉弯曲或平滑的表面（图 2-5-14），使用联合推/拉（Fredo Joint Push Pull）插件则可以快速为弧面造型添加厚度（图 2-5-15）。

（4）封面插件

封面插件可以批量完成图形封面。全选所有面，然后点击"封面插件"按钮，可以迅速完成所有图形的封面操作（图 2-5-16、图 2-5-17）。

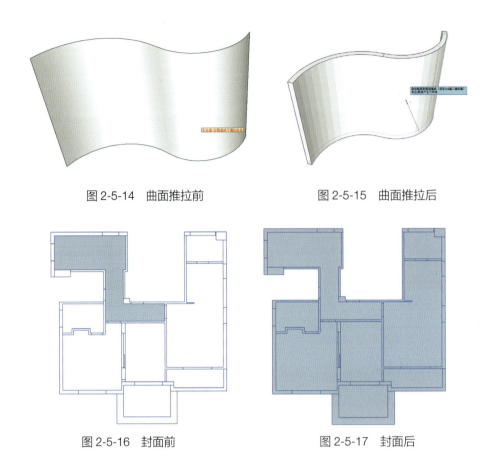

图 2-5-14　曲面推拉前　　　　图 2-5-15　曲面推拉后

图 2-5-16　封面前　　　　图 2-5-17　封面后

（5）切割插件

切割插件可以快速地对一个物体进行切割操作，以图 2-5-18 为例，选择需要切割的模型，然后沿着需要切割的地方画线确认切割位置，即可将模型一分为二（图 2-5-19）。

图 2-5-18　柜门模型　　　　图 2-5-19　切割后

【巩固训练】

下载并安装两款任意插件,将其中一个插件设置为启用,将另一个插件设置为禁用。

任务 2-6 SketchUp 与其他软件结合使用

【工作任务】

SketchUp 作为一个中端建模软件,在实际工作中经常与前端的平面图绘制软件（AutoCAD）、后端的渲染软件（Lumion）和图片编辑软件（Photoshop）组合使用,本任务讲解如何将 SketchUp 和相关设计软件组合运用以获得最佳的图纸表达效果。

通过本次任务,掌握 SketchUp 和相关设计软件的结合使用方式,以及 SketchUp 在与其他软件进行联动时的准备操作和注意点,对于 SketchUp 与 Lumion 的结合使用将在项目 4 中进行详细讲解。

【任务分解】

序号	任务名称	任务内容
1	SketchUp 与 AutoCAD 结合使用	介绍两款软件如何配合使用,如何正确导入 CAD 图纸
2	SketchUp 与 Photoshop 结合使用	介绍 SketchUp 如何关联 Photoshop,如何利用 Photoshop 编辑素材贴图

【任务实施】

1. SketchUp 与 AutoCAD 结合使用

（1）单位设置

建筑行业常用的单位为毫米,在 AutoCAD 和 SketchUp 两款软件进行配合使用时,需要对彼此进行单位统一的设置。在 AutoCAD 中,需要点击"格式"→"单位"打开设置窗口（图 2-6-1）,并且将插入时的缩放单位修改成毫米（图 2-6-2）,这样才可以确保 CAD 图纸导入 SketchUp 时不会出现比例错误。

（2）图纸导入

在 SketchUp 菜单栏中依次点击"文件"→"导入"（图 2-6-3）,在弹出的窗口

图 2-6-1　单位设置

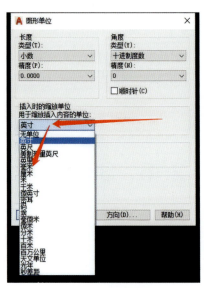

图 2-6-2　设置毫米

图 2-6-3　导入选项

图 2-6-4　格式选择

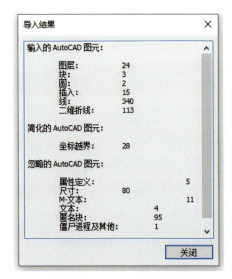

图 2-6-5　导入的图元信息

中找到需要导入的 CAD 文件即可（图 2-6-4）。

根据 CAD 图纸大小不同，文件导入的速度也会不同。导入成功后会显示导入结果，该面板会展示导入 SketchUp 中的图元信息（图 2-6-5）。

除了通过菜单栏的"文件"→"导入"导入 CAD 图纸以外，也可以直接从文件夹拖拽 DWG 或 DXF 格式文件到 SketchUp，拖拽导入的方式会出现如图 2-6-6 所示弹窗，如果拖拽的图纸在 AutoCAD 中没有进行过单位设置，也可以在该面板中将单位改成与 SketchUp 相同格式的单位进行导入（图 2-6-7）。

图 2-6-6　设置面板　　　　　　　　　图 2-6-7　单位修改

2. SketchUp 与 PhotoShop 结合使用

点击窗口菜单→"系统设置",找到应用程序设置,点击"选择",在对话框中添加 Photoshop 图像编辑软件,并选择后缀为".exe"的执行文件。设置完毕,选择任意一个带有纹理的材质,点击"在外部编辑器中编辑纹理图案"按钮,即可快速通过 Photoshop 对图像进行编辑(图 2-6-8)。

如想在 Photoshop 里对贴图的色彩信息进行调整,只需要在 Photoshop 里按 Ctrl+S 组合键保存(图 2-6-9),并且点击一下 SketchUp 使其处于激活状态,SketchUp 中就会自动同步修改,该方法通常用于对贴图进行更细致的色彩调节。

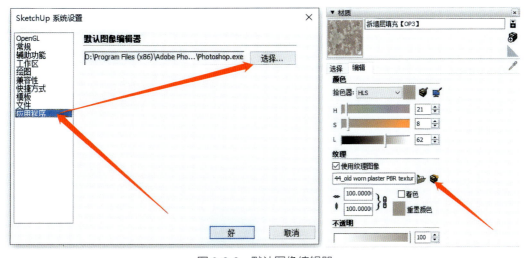

图 2-6-8　默认图像编辑器

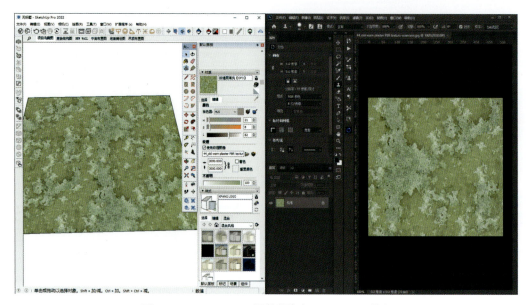

图 2-6-9　Photoshop 调节颜色与 SketchUp 联动

【巩固训练】

1. 尝试将 CAD 文件导入 SketchUp 中，并调整参数使单位统一。
2. 使用 Photoshop 软件对 SketchUp 中的草地材质进行颜色调整。

项目 3

园林景观单体建模

园林设计的过程，一般是先对道路、植物、地形、水体、建筑等诸多单体进行考虑，再经过组织安排后形成一个完整、连续、有秩序的空间，SketchUp 软件以其简洁、直观、方便修改的优点，在园林单体建模和修改中发挥了重要作用。本项目以实际项目为例详细讲解植物、地形、小品、建筑等常见景观要素的建模方法和技巧。

【学习目标】

知识目标：

（1）掌握地形的作用及创建方法。
（2）掌握常见园林小品的建模流程。
（3）掌握剖面的制作流程。
（4）熟悉 SketchUp 中植物种植的方法。

技能目标：

（1）会对地形、园林小品、植物种植等进行合理设计。
（2）会独立制作出地形、各类园林小品等。
（3）会使用 SketchUp 插件，并熟悉其使用方法和技巧。

素质目标：

（1）拓宽建模思路，提高学习的主动性。
（2）捋清建模思路，提高思考问题、解决问题的能力。

任务 3-1　绘制地形

【工作任务】

地形是风景组成的依托基础和底界面，也是整个园林景观的骨架，以其富有变化的表现力，赋予园林以生机。

在任务 2-3 中已经初步学习了沙盒工具栏。在本任务中，学生需进一步掌握创建地形的基本流程和方法，并了解异形地形的创建方法，结合之前所学内容，掌握建筑、道路和异形地形的结合方式。本次任务需使用"移动""矩形""沙盒"等工具或命令进行地形的创建。

【任务分解】

序号	实施步骤	相关工具/命令
1	创建异形地形	圆弧、直线、沙盒、曲面投射、曲面起伏、材质等
2	道路、建筑与异形地形结合	曲面投射、曲面平整等

【任务实施】

1. 创建异形地形

（1）绘制地形轮廓

使用"圆弧"与"直线"工具，绘制出所需的地形轮廓（图 3-1-1）。

（2）绘制网格平面

使用"沙盒"工具栏的"根据网格创建"，依照地形轮廓，在平面上沿红轴拉出网格的一条边线，然后沿绿轴拉出网格的另一条边线，绘制一个比地形稍大的网格平面，单击左键完成网格创建。创建的网格为一个组，通过"移动"工具，将其移至地形轮廓上方（图 3-1-2）。

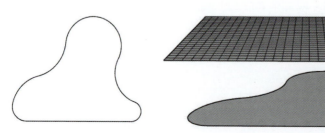

图 3-1-1　绘制地形轮廓　　　　图 3-1-2　绘制网格平面

（3）**投影网格平面**

单击"沙箱"工具栏中的"曲面投射",随后单击"异形地形",网格平面便会投影到地形上,使用"擦除"工具,将地形上方的网格平面进行删除(图3-1-3)。

（4）**柔化边线**

选择投影后的地形,单击鼠标右键,在弹出的对话框中选择"柔化/平滑边线",对地形进行柔化(图3-1-4)。

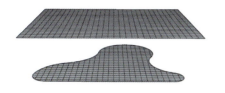

图 3-1-3　投影网格平面　　　　　　　图 3-1-4　柔化边线

（5）**地形曲面起伏**

选择地形的外轮廓线,单击沙盒工具栏中的"曲面起伏"工具,按住鼠标左键往下拉,绘制出地形起伏状态(图3-1-5)。若需对地形进行细部调整,可结合"曲面起伏""添加细部""对调角线"等工具进行调整(图3-1-6)。

图 3-1-5　地形曲面起伏　　　　　　　图 3-1-6　细部调整

（6）**填充材质**

选中拉伸好的地形,单击"材质"工具,对所建地形进行材质填充(图3-1-7)。

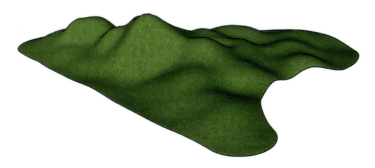

图 3-1-7　填充材质

2. 道路、建筑与异形地形结合

（1）创建道路

若要将图案投射到地形上，如将园路等投射到地形上，则需用到"曲面投射"命令。下面以在地形上投射曲线的草石隔离带轮廓线为例。

①绘制曲面　单击"矩形"工具，在地形上方绘制出与地形面积大小相同的矩形，使用"两点圆弧"工具绘制出曲线轮廓，通过"偏移"工具，将曲线分别偏移50mm、800mm、50mm，形成人行道和两边路沿石。删除多余的面和线（图3-1-8）。

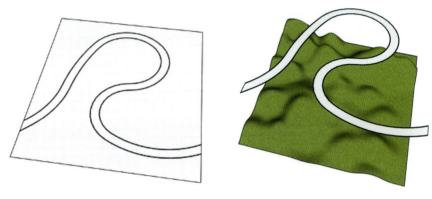

图3-1-8　绘制曲面

②选中要投射的道路曲面，单击沙盒工具栏里的"曲面投射"，此时会出现悬置光标，随后单击地形，投影物体便会按照地形的起伏自动投射到地形上。检查投射的边线是否完整，将不完整的线条补全（图3-1-9）。

③填充材质　选中投射到地形上的曲面，选中"材质"工具，找到"碎石地被层"材质，对所建地形上的曲面道路和路沿石进行材质填充（图3-1-10）。

图3-1-9　曲面投射

图3-1-10　填充材质

（2）将建筑放置到不规则地形中

如需要将建筑等放置在曲面地形之上，需要用到"曲面平整"命令，将地面进行平整。下面以将建筑投射到地形上为例。

①将建筑垂直移动到地形上方，单击沙盒工具栏里的"曲面平整"工具，单击选中建筑组件，则底面会出现一个红色矩形，表示影响地形的范围，在数值输入框内输入数值"200"（图 3-1-11）。

②单击"地形场地"组件，出现一个可以拉伸的平台范围，即建筑底面的大小，上下移动光标可以调整平台的高度（图 3-1-12）。

③将平台调整到合适的高度，使用"移动"工具将建筑移动到平台上，放置到合适位置（图 3-1-13）。

图 3-1-11　激活"曲面平整"命令

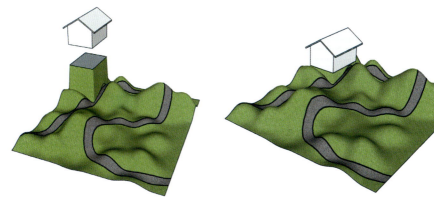

图 3-1-12　出现可拉伸平台范围　　　图 3-1-13　放置到平台

【巩固练习】

根据学校要求，运用"根据等高线创建"的方法对校园一角地形进行创建（图 3-1-14）。

图 3-1-14　校园一角地形完成

序号	实施步骤	相关工具/命令
1	绘制等高线,要求第一层等高线高程为1000mm,第二层等高线高程为500mm	移动等
2	选择等高线,进行地形创建	沙盒
3	对多余的部分进行删除	擦除等
4	选择"人造草被"材质,对所建地形进行材质填充	材质填充等

任务 3-2 种植植物

【工作任务】

SketchUp 中可以通过插入植物组件进行植物配置,但数量较多时则会花费较长时间,且三维组件占用内存较大。

本任务主要介绍通过图片制作二维植物组件的方法以及植物规则式、自然式种植的操作方法。

【任务分解】

序号	实施步骤	相关工具/命令
1	制作二维植物组件	手绘线、创建组件、隐藏等
2	规则式植物种植	移动复制、旋转复制等
3	自然式植物种植	群组与组件、插件等

【任务实施】

1. 制作二维植物组件

①点击"文件"→"导入",选择透明底图的"樱花树.png"文件,导入后将其调整到合适大小,使用"旋转"工具将其旋转到竖直方向(图 3-2-1)。

②右键单击该图片,选择"炸开模型"(图 3-2-2)。

③使用"手绘线"工具,沿着樱花树轮廓,大致勾勒一圈(无须过于精细,注

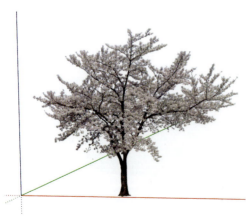

图 3-2-1 导入 png 图片

图 3-2-2　炸开模型　　　　　　图 3-2-3　绘制轮廓线

意内部镂空部分也需要绘制），删除多余的面（图 3-2-3）。

④选中全部内容，单击鼠标右键，在出现的菜单中选择"创建组件"，将组件命名为"樱花树"。单击"设置组件轴"，将树干底部设为组件原点，其余各轴与系统相同，勾选"总是朝向太阳"选项，单击"创建"（图 3-2-4）。

⑤双击进入组件，选中所有轮廓线，点击"编辑"→"隐藏"，将轮廓线隐藏，完成组件创建（图 3-2-5）。

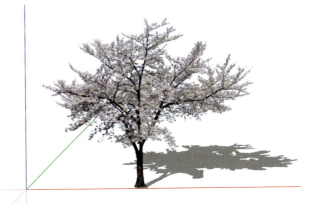

图 3-2-4　创建组件　　　　　　图 3-2-5　隐藏轮廓线

小贴士：

　　直接将 PNG 图片导入 SketchUp，隐藏边框线制作组件后，从立面上看和最终完成的组件没有任何区别。但是当打开阴影后，差别就很明显（图 3-2-6、图 3-2-7），以上所做的工作是为了制作植物组件的阴影做准备。

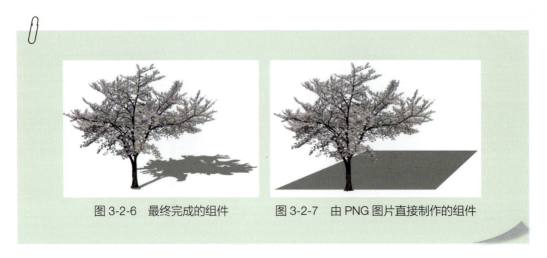

图 3-2-6　最终完成的组件　　　　图 3-2-7　由 PNG 图片直接制作的组件

2. 规则式植物种植

（1）线性阵列

①单击"移动"工具，按住 Ctrl 键，选中第一棵树将其沿红轴方向移动 2500mm（图 3-2-8）。

②输入"*6"并按回车键，树会沿着第一次移动的方向复制 6 个（图 3-2-9）。

③选中一行所有树，沿绿轴方向重复上述操作，完成树阵（图 3-2-10）。

图 3-2-8　第一次复制　　　　图 3-2-9　单个物体阵列

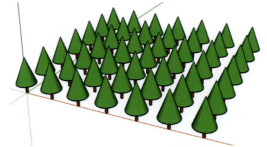

图 3-2-10　完成树阵

（2）环形阵列

①进行一次线性阵列，完成一行树的创建。

②选中除圆心位置外的其他树，单击"旋转"工具，按住 Ctrl 进行旋转复制，输入"360"后按回车键，进行第一次复制（图 3-2-11）。

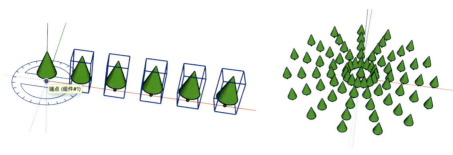

图 3-2-11　旋转复制 360°　　　　　图 3-2-12　环形树阵

③输入"/15"并按回车键,成为围绕圆心的环形树阵(图 3-2-12)。

④删除和第一次复制重合的物体。

3. 自然式植物种植

(1) 块替换组件

在 AutoCAD 中绘制植物平面(包括 2500mm 和 1500mm 冠幅的两种植物),分别将其创建为块,并保存为"树 .dwg"(图 3-2-13),具体步骤如下。

①在 SketchUp 中导入"树 .dwg"文件,注意确保场景单位一致。

②选中其中一个冠幅为 2500mm 的树,单击右键选择"重新载入",将其更换为"树 1.skp"(图 3-2-14)。

③重复上述操作,将冠幅为 1500mm 的植物替换为"树 2.skp",完成植物种植(图 3-2-15)。

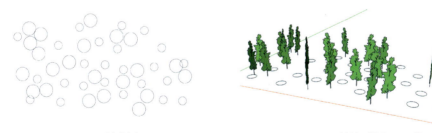

图 3-2-13　创建树平面　　　　　图 3-2-14　替换"树 1.skp"

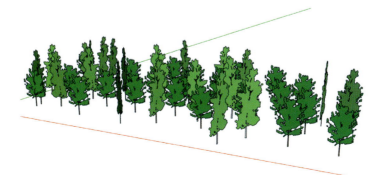

图 3-2-15　完成植物替换

图 3-2-16　组件喷笔参数设置

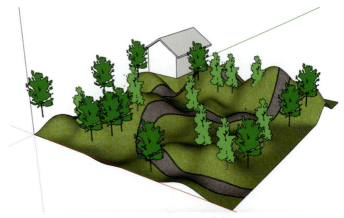
图 3-2-17　完成植物放置

（2）使用插件随机种树

①打开任务 3-1 中创建的地形，在模型中导入"树 1.skp"和"树 2.skp"文件。

②打开"组件喷笔"插件，在弹出对话框中的"组件 1"和"组件 2"处分别选择"树 1"和"树 2"，"喷射模式"选择"点"，其他参数可根据实际需要选择（图 3-2-16）。

③单击"喷射"后，在地形上需要种植的区域单击即可完成种树（图 3-2-17）。

【巩固练习】

将植物图片创建为植物组件，并在小区入口步道两侧布置成树阵（图 3-2-18）。

图 3-2-18　小区入口行道树完成效果

序号	实施步骤	相关工具/命令
1	将 PNG 图片导入 SketchUp 软件	导入
2	使用"铅笔"工具描绘图片边缘，创建植物组件	群组与组件
3	将植物组件放置在第一个花池内，移动复制 7700mm 至步道另一侧	移动
4	同时选中两侧植物，按住 Ctrl 键的同时使用"移动"命令，将植物移动 3800mm 后输入"*5"	移动、复制等

任务 3-3　创建园林小品

【工作任务】

园林小品是园林中的点睛之笔，一般体量较小，色彩单纯，对空间起点缀作用，既具有实用功能，又具有装饰功能。园林小品所处环境不同，风格也各有不同。

本任务中，学生应熟练掌握园林景观中常见的小品，如栏杆、标识牌、座凳、花钵、草坪灯、景墙等的建模基本流程和方法。本任务需使用"旋转复制""实体工具""路径跟随"等工具或命令操作进行建模。

【任务分解】

序号	实施步骤	相关工具/命令
1	制作栏杆	推/拉、缩放、移动、擦除等
2	制作标识牌	推/拉、偏移、路径跟随、材质等
3	制作座凳	路径跟随、材质、实体工具等
4	制作花钵	路径跟随、旋转复制、柔化边线等
5	制作地灯	推/拉、偏移、旋转复制、实体工具、柔化边线等
6	制作拱桥	卷尺、推/拉、偏移、路径跟随、缩放、变形框平面截取插件等
7	制作景墙	推/拉、偏移、移动复制、路径跟随、柔化边线、缩放等

1. 制作栏杆

（1）制作立柱

①使用"矩形"和"推/拉"工具，绘制一个 110mm×110mm×1700mm 的长方体，利用"材质"工具添加材质。将长方体上表面创建群组，单击"推/拉"工具，向上推拉 15mm，使用"缩放"工具，选中"统一调整比例在对角线附近"，在右下角数值处输入"0.8"。单击"移动/拷贝"工具，将绘制的梯形进行复制，并使用"缩放"工具，选中"沿蓝轴缩放比例在对角点附近"，在右下角数值处输入"-1"，实现镜像效果（图 3-3-1）。

②使用"移动"工具，移至立柱上方，选择上表面，使用"推/拉"工具，向上推拉 120mm，完成立柱制作，将其创建群组（图 3-3-2）。

（2）制作横挡

使用"矩形"和"推/拉"工具，绘制一个3000mm×60mm×80mm的长方体，利用"材质"工具添加材质，创建群组，使用"移动/拷贝"工具，将其分别移至距立柱底面150mm、1550mm处，并将立柱复制在横挡右侧（图3-3-3）。

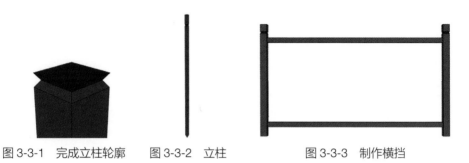

图3-3-1　完成立柱轮廓　　图3-3-2　立柱　　　　图3-3-3　制作横挡

（3）制作中柱

①单击"矩形"工具，绘制110mm×1320mm的矩形，在矩形上使用"直线"与"圆弧"工具，绘制中柱轮廓线，并利用"擦除"工具删除轮廓以外部分（图3-3-4）。

②单击"推/拉"工具，将绘制好的轮廓推拉40mm，使用"材质"工具添加材质，并创建群组，将中柱放置在横挡上距离立柱100mm处，通过"移动/拷贝"工具，间隔140mm复制两个。使用"矩形"和"推/拉"工具，绘制一个60mm×30mm×1320mm的长方体，使用"材质"工具添加材质，并创建群组，将其放置在横挡上距离立柱500mm处。选中3根绘制好的中柱，使用"移动/拷贝"工具进行复制，对称放在栏杆右侧（图3-3-5）。

图3-3-4　完成中柱轮廓线

（4）制作横杆

使用"矩形"和"推/拉"工具，绘制一个3000mm×60mm×80mm的长方体，利用"材质"工具添加材质，创建群组，使用"移动/拷贝"工具，将其分别移至距离中柱3mm，距离立柱底面150mm、1140mm处（图3-3-6）。

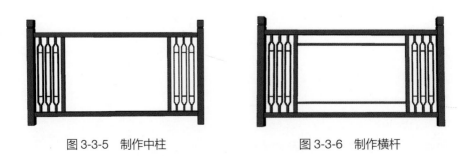

图3-3-5　制作中柱　　　　　　　图3-3-6　制作横杆

（5）制作竖杆

使用"矩形"和"推/拉"工具，绘制一个 30mm×30mm×960mm 的长方体，利用"材质"工具添加材质，创建群组，使用"移动/拷贝"工具，将其均匀放置在横杆上（图 3-3-7）。

（6）制作装饰花纹

导入绘制好的栏杆花纹 CAD 文件，选择图案，单击"直线"工具，绘制直线进行封面，使用"擦除"工具，删除多余的线段。单击鼠标右键，在弹出的对话框中选择"炸开模型"，用"擦除"工具删除轮廓线以外的面，创建成组件。使用"移动"工具，将花纹移动到栏杆上，调整大小，通过"推/拉"工具，推拉 12mm 厚度，利用"材质"工具添加材质，调整至合适位置（图 3-3-8、图 3-3-9）。

图 3-3-7　制作竖杆　　　图 3-3-8　装饰花纹　　　图 3-3-9　完成栏杆制作

2. 制作标识牌

（1）制作圆形底座

单击"圆"工具，绘制半径为 150mm 的圆，使用"推/拉"工具，将圆向上推拉 20mm，完成圆形底座，并创建群组（图 3-3-10）。

（2）制作立柱

单击"偏移"工具，将圆盘顶面的圆向内偏移 20mm，单击鼠标右键，选中"查找中心"，标识出圆心。使用"圆弧"与"直线"工具，绘制立柱放样截面（图 3-3-11）。单击选中圆形，使用"路径跟随"命令，选择立柱截面，完成路径跟随形成立柱。单击"材质"工具，添加材质（图 3-3-12），三击选中立柱，创建群组。

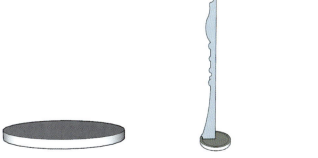 

图 3-3-10　制作圆形底座　　图 3-3-11　制作立柱截面　　图 3-3-12　完成立柱

（3）制作矩形框

通过"矩形"和"推/拉"工具，绘制500mm×60mm×50mm的长方体，通过"偏移"工具，将绘制好的矩形向内偏移15mm，并用"推/拉"工具，将形成的面向里推入5mm，单击"材质"工具，添加材质，并创建群组，放置在立柱上（图3-3-13）。

图3-3-13 制作矩形框

（4）制作标识栏

通过"矩形"和"推/拉"工具，绘制650mm×120mm×810mm的长方体，单击"偏移"工具，将绘制好的矩形向内偏移30mm，底边偏移90mm，并用"推/拉"工具将形成的矩形向内推入50mm。利用"矩形"工具，在标识栏下部绘制两个230mm×30mm的矩形，使用"推/拉"工具，向内推入5mm。通过"材质"工具，添加材质，并利用"纹理-位置"，对纹理方向和大小进行调整，创建群组（图3-3-14）。

（5）制作顶部矩形框

使用"矩形"和"推/拉"工具，绘制一个740mm×160mm×50mm的长方体，并在矩形内绘制一个500mm×20mm的小矩形，向内推入5mm，利用"材质"工具添加材质，创建群组（图3-3-15）。

（6）制作弧形装饰

单击"直线"工具，绘制560mm的线段，利用"圆弧"工具，在线段两端点间画弧，弧高120mm，使用"推/拉"工具，将圆弧推拉至80mm厚，再用"偏移"工具，将圆弧向内偏移15mm，通过"推/拉"工具，将小圆弧向内推5mm。选中"材质"工具，添加材质，创建群组，移至标识牌顶端（图3-3-16）。

图3-3-14 制作标识栏　　图3-3-15 顶部矩形框　　图3-3-16 弧形装饰

3. 制作座凳

（1）制作座凳底面及基面

单击"圆"工具，绘制半径为200mm的圆面作为座凳底面，连接圆心与边缘，使用"矩形"工具沿圆心与边缘连线绘制高度为500mm的矩形，作为绘制弧线的基面。

（2）制作圆弧

单击"圆弧"工具在矩形平面上做连接两个顶点的弧，弧高为 45mm，通过"偏移"命令，将矩形的边向内偏移 20mm，删除多余部分（图 3-3-17）。

（3）制作座凳轮廓

用鼠标单击圆形边线作为路径，执行"路径跟随"命令，单击圆弧面作为截面，完成路径跟随操作。再使用"材质"工具，添加材质，完成座凳轮廓制作，并将其创建为群组（图 3-3-18）。

图 3-3-17　制作圆弧

图 3-3-18　完成座凳轮廓

（4）制作椭圆柱

单击"圆"工具，绘制一个半径为 130mm 的圆，单击"缩放"工具，选中"沿绿轴缩放比例在对角点附近"，在右下角数值处输入"1.13"，将圆变形成椭圆，使用"推/拉"工具，将椭圆推拉出 800mm。使用"材质"工具添加材质，将其创建为群组（图 3-3-19），单击"移动/拷贝"工具，复制该群组备用。

（5）制作镂空图案

单击"移动"工具，使座凳与椭圆柱叠加，单击鼠标右键，选择"实体工具 - 差集"，对复制的椭圆柱体重复上面操作，完成座凳镂空的制作（图 3-3-20、图 3-3-21）。

图 3-3-19　制作椭圆柱

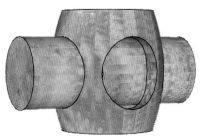
图 3-3-20　制作镂空图案

图 3-3-21　完成座凳制作

4. 制作花钵

（1）制作花钵放样截面

单击"圆"工具，绘制一个圆形参考面，只保留边线，单击鼠标右键，选中"查找中心"，在圆上标识出圆心。使用"圆弧"与"直线"工具，绘制花钵放样截面（图3-3-22）。

（2）制作花钵轮廓

点击圆，单击"路径跟随"，点击绘制好的花钵放样截面，完成花钵轮廓绘制，并将其创建为群组（图3-3-23）。

（3）绘制结构线

在"视图"菜单中勾选"隐藏物体"，显示花钵表面结构线，用"直线"工具在表面绘制出藤编纹理，选中绘制好的纹理，单击鼠标右键，选择"焊接边线"，将纹理进行焊接（图3-3-24）。

  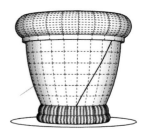

图 3-3-22　制作花钵放样截面　　图 3-3-23　制作花钵轮廓　　图 3-3-24　绘制结构线

（4）制作藤编线条

隐藏花钵轮廓和圆形参考面，以藤编纹理的一端为圆心，单击"圆"工具，绘制半径为 2.5mm 的圆，选择藤编纹理，单击"路径跟随"，点击绘制好的圆形截面，完成藤编线条的绘制，将其创建为组件（图 3-3-25）。

（5）阵列藤编线条

显示隐藏的花钵轮廓和圆形参考面，选中藤编线条，单击"旋转"工具，将鼠标置于圆心，按住 Ctrl 键，将藤编线条旋转 2.5°，在右下角数值处输入"*2"，复制出其余两个线条，选择 3 根藤编线条，将其创建成群组（图 3-3-26）。

（6）镜像藤编线条

选择藤编线条，利用"移动/拷贝"工具，将藤编线条进行复制，使用"缩放"工具，选中"沿红轴缩放比例在对角点附近"，在右下角数值处输入"-1"，实现镜像效果，通过"移动"工具，移至花钵上（图 3-3-27）。

图 3-3-25　制作藤编线条

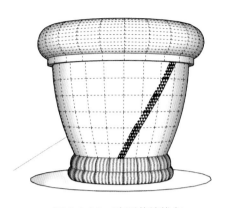
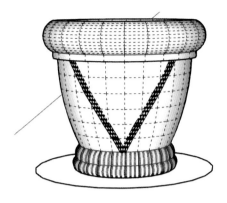

图 3-3-26　阵列藤编线条　　　　　图 3-3-27　镜像藤编线条

（7）旋转复制藤编线条

选择对称的两组藤编线条，单击"旋转"工具，将鼠标置于圆心，按住 Ctrl 键，将藤编线条旋转 30°，在右下角数值处输入"*11"，复制出其余 11 组线条，在"视图"菜单中取消勾选"隐藏物体"（图 3-3-28）。

（8）制作横向藤编线条

单击"圆"工具，在参考的圆上绘制半径为 2.5mm 的圆（图 3-3-29），选中参考圆，单击"路径跟随"，点击绘制好的圆形截面，完成横向藤编线条的绘制（图 3-3-30）。

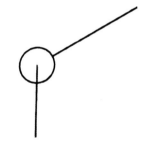

图 3-3-28　旋转复制藤编线条　　　图 3-3-29　圆形截面　　　图 3-3-30　制作横向藤编线条

（9）完成藤编纹理绘制

单击"移动"工具，将横向藤编线条移至合适位置，通过"缩放"工具，按住 Ctrl 键，选中"统一调整比例在对角点附近"，使横向藤编线条与花钵贴合，并通过"移动/拷贝"工具，将其复制两份，调整到合适大小，其他两组横向藤编线条操作同上（图 3-3-31）。

（10）添加材质

通过"材质"工具，添加材质，单击鼠标右键，在弹出的对话框中选择"柔化/平滑边线"（图 3-3-32）。

图 3-3-31　制作藤编纹理　　　　　　图 3-3-32　完成花钵制作

5. 制作地灯

（1）制作底座

使用"矩形"工具和"推/拉"工具，分别绘制 400mm×400mm×30mm、340mm×340mm×30mm 的长方体，通过"偏移"工具，将长方体上表面向内偏移 30mm，选中偏移后的面，使用"移动"工具，按住 Alt 键，在蓝色轴上移动 30mm（图 3-3-33）。选中最上方的矩形，按 Ctrl+C 键复制矩形，将底座创建为群组，再按 Ctrl+V 键在表面粘贴复制矩形，以备下一步操作使用。

（2）制作灯柱

单击"推/拉"工具，将上表面的矩形向上推拉 350mm，创建为群组。选中底座，单击"移动/拷贝"工具，将绘制的底座进行复制，并使用"缩放"工具，选中"沿蓝轴缩放比例在对角点附近"，在右下角数值处输入"-1"，实现镜像效果，选中上表面，使用"推/拉"工具，将上表面再向上拉伸 30mm，完成底座的绘制（图 3-3-34）。

（3）制作参考线

选择灯柱上表面，使用"偏移"工具，将灯柱上表面向内偏移 30mm，单击"直线"工具，连接矩形两条对边的中线（图 3-3-35），线条的中点即为整个地灯的中心点。

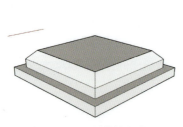

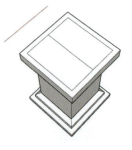

图 3-3-33　制作地灯底座　　　图 3-3-34　制作灯柱　　　图 3-3-35　制作参考线

(4) 制作灯身

使用"矩形"工具和"推/拉"工具，在灯柱上方绘制 400mm×40mm×10mm 的长方体，创建为组件。通过"移动"工具，向上移动 50mm，向内移动 25mm，使长方体的短边中点对准参考边线，再使用"矩形"工具和"推/拉"工具，以参考矩形的一个角为中心点，绘制 30mm×30mm×500mm 的长方体，创建为组件。选择两个组件，单击"旋转"工具，将鼠标置于中心点，按住 Ctrl 键，将组件旋转 90°，在右下角数值处输入"*3"，旋转复制 3 份，选择横向组件，通过"移动"工具，向上移动 350mm（图 3-3-36）。

(5) 制作灯罩

点击进入组件内，单击"矩形"工具，沿着两个组件相交部分绘制矩形，使用"偏移"工具，将绘制的矩形向内偏移 5mm，再用"直线"工具，连接矩形的对角，通过"偏移"工具，将分成的 4 个三角形分别向内偏移 5mm，利用"擦除"工具，删除多余的面和线，使用"推/拉"工具，将灯罩轮廓向内推拉 10mm 厚度，并创建为组件。在灯罩轮廓内部，通过"矩形"工具，绘制与轮廓同样大小的矩形作为灯罩的玻璃，并用"推/拉"工具，向内推拉 5mm 厚度，将其创建成组（图 3-3-37）。

(6) 添加材质并绘制花纹

使用"直线"工具，在灯柱上绘制图案，点击进入组件内，单击"材质"工具，添加相应的材质（图 3-3-38）。

图 3-3-36 制作灯身　　图 3-3-37 制作灯罩　　图 3-3-38 添加材质

(7) 绘制辅助平面

单击"圆"工具，以中心点为圆心，绘制半径为 320mm 的圆，创建成群组。选择灯身，将灯身隐藏，使用"矩形"工具，沿圆心与辅助线绘制辅助面，并将其创建成群组，选择圆形参考面，通过"旋转"工具，将圆形的一条边线中点与矩形边线重合（图 3-3-39）。

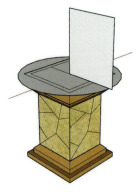

图 3-3-39　制作辅助平面　　　图 3-3-40　制作灯盖轮廓

（8）制作灯盖轮廓

单击"圆弧"工具，在辅助平面上绘制弧线作为灯盖的路径，并使用"直线"和"圆弧"工具，绘制弦长为 95mm 的灯盖放样截面。用鼠标单击灯盖路径，执行"路径跟随"命令，单击圆弧面作为截面，完成路径跟随操作，创建成群组。单击鼠标右键，在弹出的对话框中选择"柔化/平滑边线"，对边线进行柔化（图 3-3-40）。

（9）制作三角形截面

使用"直线"工具，捕捉圆心与圆形的一条边线，绘制成三角形，并通过"推/拉"工具，向上推拉超过灯盖的高度，创建为群组（图 3-3-41）。

（10）制作灯盖形

点击实体工具栏中的"相交"，选择弧形面与三角形两个实体，使用"擦除"工具，删除辅助平面，得到灯盖的形状。单击鼠标右键，在弹出的对话框中选择"炸开模型"，并将其创建成组件（图 3-3-42）。

（11）完成灯盖制作

单击"旋转"工具，将鼠标置于中心点，按住 Ctrl 键，将组件旋转 15°，在右下角数值处输入"*23"，旋转复制 23 份，通过"材质"工具添加材质，并将灯盖创建成群组（图 3-3-43）。

图 3-3-41　制作三角形截面　　　图 3-3-42　制作灯盖形状　　　图 3-3-43　完成灯盖制作

（12）制作盖尖

将灯盖隐藏，使用"直线"与"圆弧"工具，绘制出盖尖的截面，并将其直线边与中心点对齐，通过"圆"工具，以中心点为圆心绘制一个圆（图 3-3-44）。用鼠标单击圆，执行"路径跟随"命令，单击盖尖截面，完成路径跟随操作，创建成群组，利用"材质"工具添加材质（图 3-3-45）。

（13）调整盖尖大小

使用"擦除"工具，删除辅助平面，单击"编辑 - 撤销隐藏 - 全部"显示隐藏的灯身、灯盖，利用"移动"工具，将其移动到合适位置。选择盖尖，通过"缩放"工具，选中对角线，将盖尖等比例缩放至与灯盖大小匹配（图 3-3-46），完成小品灯的制作。

图 3-3-44　制作盖尖截面　　图 3-3-45　制作盖尖　　图 3-3-46　调整盖尖大小

6. 制作拱桥

（1）制作圆弧面

单击"两点圆弧"工具，绘制一个长度为 6000mm、弧高为 1200mm 的圆弧，单击"直线"工具连接圆弧两端进行封面（图 3-3-47）。

（2）绘制台阶

单击"直线"工具，在弧形面上绘制台阶，台阶高度为 150mm，宽度为 300mm，平台宽度为 1800mm（图 3-3-48）。

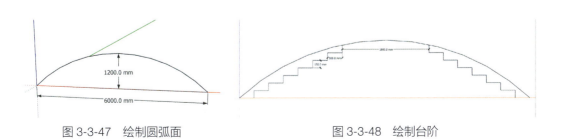

图 3-3-47　绘制圆弧面　　　　　　　　图 3-3-48　绘制台阶

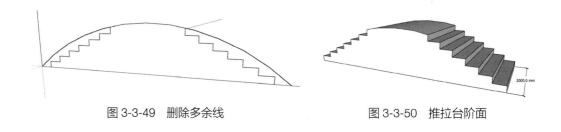

图 3-3-49　删除多余线　　　　　　图 3-3-50　推拉台阶面

单击"删除"工具,将不需要的圆弧线擦除(图 3-3-49)。单击"推/拉"工具,将台阶面向后推拉 2000mm(图 3-3-50)。

小贴士:

在进行删除操作时,可以利用 Ctrl 键结合"选择"工具多选边线、面后按 Delete 键删除,也可以利用"删除"工具擦除边线。

(3)绘制桥洞

单击"卷尺"工具,以台阶侧面中心沿蓝轴方向绘制第一条辅助线。单击"卷尺"工具点击第一条辅助线,分别向左、右移动光标,输入偏移距离 1200mm,形成三条辅助线。使用"两点圆弧"工具,连接两条辅助线,绘制长度为 2400mm,弧高为 800mm 的圆弧(图 3-3-51)。

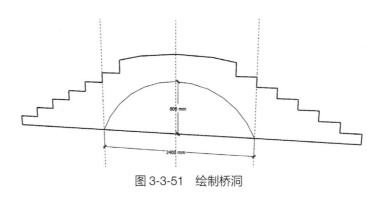

图 3-3-51　绘制桥洞

删除辅助线,选择桥洞区域,使用"推/拉"工具,推拉距离为桥面宽度,制作桥洞(图 3-3-52)。使用"油漆桶"工具添加材质,使用"选择"工具框选整个桥面,单击右键创建群组(图 3-3-53)。

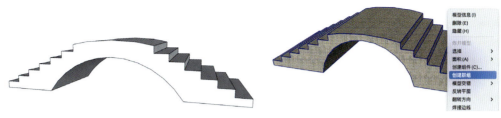

图 3-3-52　使用"推/拉"工具制作桥洞　　　图 3-3-53　创建群组

（4）绘制桥面侧板

单击"直线"工具连接踏步边缘和桥面平台两端，使用"直线"工具连接左右两端，形成桥面侧板（图 3-3-54）。

选择桥面侧板，使用"偏移"工具将其向外偏移 120mm，沿红轴连接左右端点。沿桥洞轮廓绘制长度为 2400mm，弧高为 800mm 的圆弧，并删除多余线面（图 3-3-55）。

双击鼠标左键选中桥面侧板，单击右键创建群组（图 3-3-56）。双击鼠标左键进入群组，选择面，使用"推/拉"工具将桥面侧板推拉 175mm（图 3-3-57）。

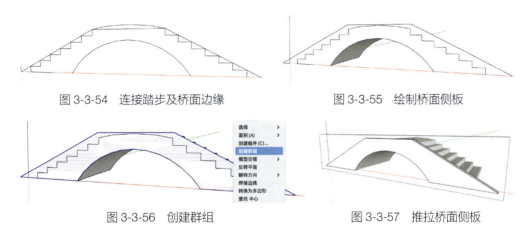

图 3-3-54　连接踏步及桥面边缘　　　图 3-3-55　绘制桥面侧板

图 3-3-56　创建群组　　　图 3-3-57　推拉桥面侧板

（5）添加桥面侧板细节

使用"偏移"工具将桥面边缘线向内偏移两次，偏移距离分别为 50mm 和 75mm，将桥洞边缘线向外偏移两次，偏移距离分别为 100mm 和 30mm（图 3-3-58）。

选择偏移产生的面，使用"推/拉"工具将面向外推拉 50mm，使用"油漆桶"工具给侧板添加材质和细节（图 3-3-59）。

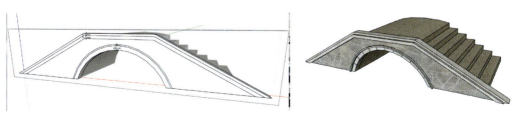

图 3-3-58　偏移绘制侧板细节　　　图 3-3-59　推拉桥面侧板细节

(6)绘制扶手栏杆路径

双击进入桥面侧板群组,使用"选择"工具选中侧板上边缘线并复制,退出群组,单击"编辑-定点粘贴"将边缘线粘贴至群组外(图3-3-60)。选择边缘线沿蓝轴方向使用"移动"工具,向上移动500mm(图3-3-61)。

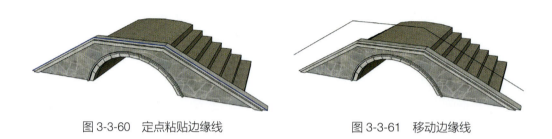

图3-3-60　定点粘贴边缘线　　　　　　　图3-3-61　移动边缘线

(7)制作扶手横杆

使用"矩形"工具绘制80mm×80mm的正方形,使用"圆弧"工具在正方形4个角绘制半径为15mm的扇形,删除多余线面,形成扶手截面,使用"移动"工具将扶手截面移动至边缘线处,利用"旋转"工具将扶手截面旋转至与线条垂直(图3-3-62、图3-3-63)。

选中边缘线,单击"路径跟随"命令,接着单击扶手截面,通过路径跟随生成扶手。使用"油漆桶"工具添加材质,单击右键将扶手创建为群组(图3-3-64)。

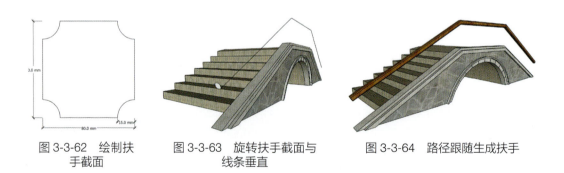

图3-3-62　绘制扶　　　图3-3-63　旋转扶手截面与　　图3-3-64　路径跟随生成扶手
　　　　　手截面　　　　　　　　　　线条垂直

(8)制作扶手立柱

由下至上绘制栏杆,使用"矩形"工具绘制150mm×150mm的正方形,使用"推/拉"工具向上推拉600mm,使用"偏移"工具向内偏移20mm。选中偏移后的图形,按住Ctrl键进行复制推拉,使用"推/拉"工具向上推拉15mm,共推拉3次,使用"偏移"工具向外偏移20mm后使用"推/拉"工具将外圈向上推拉150mm,内圈向上推拉165mm(图3-3-65)。

小贴士：

在进行"路径跟随"命令操作时，需要保证截面与跟随路径垂直，否则容易导致跟随形体变形或跟随失败。

使用"两点圆弧"在柱子中间绘制弧高为 7.5mm 的曲线，在柱顶面绘制与边缘相切的圆弧，形成放样截面（图 3-3-66）。

使用"路径跟随"命令，分别在柱中和柱顶形成圆弧边缘。使用"偏移"工具将栏杆上部向内分别偏移 18mm 和 12mm，使用"推/拉"工具将偏移后的图像分别向内推拉 5mm，使用"油漆桶"工具添加材质，单击右键将栏杆创建为群组（图 3-3-67）。

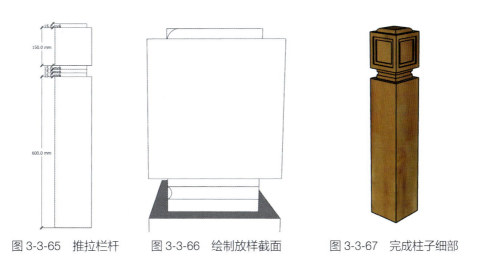

图 3-3-65　推拉栏杆　　　图 3-3-66　绘制放样截面　　　图 3-3-67　完成柱子细部

（9）组合栏杆

剪切成组的栏杆，双击进入扶手群组，再使用"移动"工具，将栏杆模型放置到扶手群组内（图 3-3-68）。将栏杆立柱按照同样的方式，使用"移动"工具等分放置在桥面上（图 3-3-69）。

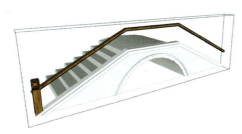 

图 3-3-68　放置柱子　　　　　图 3-3-69　移动放置全部柱子

小贴士：
　　在进行等分操作时，可以在确定间距的情况下使用外部阵列，即放置相邻构件后在数值框输入"*X"实现；在确定数量及总长度的情况下可使用内部阵列，即放置首位端构件后在数值框输入"/X"实现。

（10）制作栏板

使用"直线"工具连接平台上相邻柱子中心，绘制高度为400mm的矩形，使用"推/拉"工具将矩形分别向前后各推拉出20mm（图3-3-70）。

（11）添加栏板细节

①将矩形边框分别向内偏移60mm和15mm，使用"直线"工具在栏板中心绘制400mm×200mm和200mm×100mm相互嵌套的菱形图案（图3-3-71）。

②使用"偏移"工具将菱形图案向内外都偏移5mm后擦除多余线条，使用"推/拉"工具将两层矩形分别向内推拉5mm，将菱形线条向外推拉10mm（图3-3-72）。

③使用"矩形"工具在栏板顶部边缘绘制150mm×40mm的矩形，按住Ctrl键使用"推/拉"工具将矩形推拉至扶手下缘，在矩形中点上绘制高为50mm的三角形，使用"推/拉"工具将三角形区域推拉40mm（图3-3-73）。

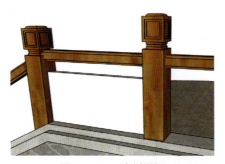

图3-3-70　绘制栏板

图3-3-71　绘制栏板图样

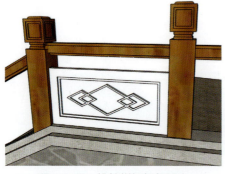

图3-3-72　推拉栏板细部层次

图3-3-73　绘制三角图形

④使用"偏移"工具将图像向内偏移 10mm，使用"推/拉"工具将内部区域向内推拉 10mm，另一侧绘制同样的图形。使用"油漆桶"工具添加材质，在栏板区域左键三击全选，单击右键创建群组（图 3-3-74、图 3-3-75）。

⑤使用"变形框平面截取"插件将栏板组件拉伸变形填充至栏杆之间，按住 Ctrl 键，使用"移动"命令将栏板填充至所有空隙，选中所有栏板将其创建为组件（图 3-3-76）。选中栏杆、栏板、桥面侧板群组，通过镜像操作将其复制至另一侧（图 3-3-77）。

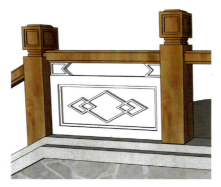
图 3-3-74　推拉三角区域层次

图 3-3-75　创建群组

图 3-3-76　放置单侧栏板

图 3-3-77　镜像完成拱桥

7. 制作景墙

（1）制作景墙中心轮廓

单击"矩形"工具，绘制 4200mm×180mm 的矩形，将其向上拉伸 2500mm。使用"卷尺"工具，在距离底边 1900mm 的位置绘制一条辅助线，沿着辅助线，利用"直线"工具，从矩形左边和右边各绘制一条长 900mm 的线段，通过"圆弧"工具，连接两线段的端点，以矩形的上边中点为顶点，绘制圆弧，使用"推/拉"工具，将圆弧以外的部分推除。删除辅助线，单击鼠标右键，在弹出的对话框中选择"柔化/平滑边线"，对圆弧边线进行柔化（图 3-3-78）。

（2）制作景墙中心图案

单击"偏移"工具，将景墙轮廓向内偏移 300mm，使用"直线"工具，以弧形端点为起点，偏移后的底边为终点，分别竖直绘制两条线段。通过"偏移"工具，将中间所形成的面向内偏移 50mm，选中偏移后的底边，利用"移动"工具，将底边向上移动 50mm，再通过"偏移"工具，将中间的面分别向内偏移 100mm、30mm，删除多余的线（图 3-3-79）。

（3）制作景墙中心左侧图案

单击"直线"工具，连接图形端点与外轮廓左侧边缘，以上面直线的中点为中心，使用"圆弧"工具，绘制一条长度为 620mm、弧高为 200mm 的弧形。使用"直线"工具，将弧线端点与下部的直线连接，将中间形成的面，通过"偏移"工具，分别向内偏移 30mm、75mm（图 3-3-80）。

 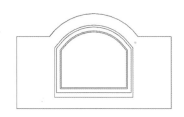 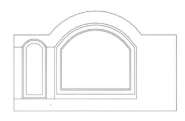

图 3-3-78　景墙中心轮廓　　图 3-3-79　景墙中心图案　　图 3-3-80　景墙中心左侧图案

（4）制作左侧景墙

单击"矩形"工具，绘制 820mm×300mm 的矩形，使用"推/拉"工具向上推拉 2020mm，并通过"移动"工具，移至景墙侧边。单击"偏移"工具，将矩形分别向内偏移 150mm、5mm，选中偏移后的矩形上边，使用"移动/拷贝"工具，将边线移至下边，右下角数值控制框内输入"/6"，利用"偏移"工具，将中间的 6 个小矩形分别向内偏移 5mm，删除多余的线（图 3-3-81）。

（5）绘制景墙顶部圆弧装饰部分

单击"圆弧"工具，在景墙上边绘制长度为 45mm 的半圆（图 3-3-82）。选择景墙上方的轮廓线，执行"路径跟随"命令，单击圆弧面作为截面，完成路径跟随操作，创建成群组。左侧景墙顶部的操作同上（图 3-3-83）。

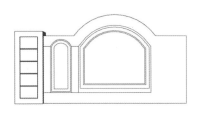 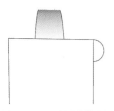 

图 3-3-81　制作左侧景墙　　图 3-3-82　圆弧截面　　图 3-3-83　景墙顶端圆弧装饰

（6）制作景墙层次

单击"推/拉"工具，将景墙中心最外侧轮廓向上推拉 20mm，最内侧轮廓向上推拉 10mm，并绘制半圆截面，执行"路径跟随"命令，制作弧形外观。旁边的圆弧通过

"推/拉"工具,向上推拉10mm,景墙左侧的矩形轮廓向内推拉30mm,6个小矩形分别向内推入20mm,使用"材质"工具添加材质(图3-3-84)。

(7)制作景墙中心装饰轮廓

单击"矩形"工具,绘制一个218mm×50mm的矩形,使用"推/拉"工具,向上推拉1280mm,通过"偏移"工具,将上表面矩形外轮廓向外偏移10mm,并使用"推/拉"工具向上推拉20mm厚,通过"材质"工具添加材质,创建成群组(图3-3-85)。

(8)制作景墙装饰层次

单击"移动/拷贝"工具,将矩形的左右边线向内移动40mm,并在偏移后形成的矩形内平均分布18根线段,使用"推/拉"工具将形成的小矩形间隔向内偏移5mm(图3-3-86)。

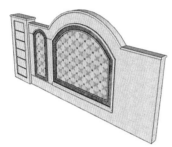
图3-3-84 制作景墙层次

图3-3-85 景墙中心装饰轮廓

图3-3-86 景墙装饰层次

(9)完成景墙主体结构

单击"移动"工具,将绘制好的长方体景墙装饰与景墙贴合,并通过"移动/拷贝"工具进行复制(图3-3-87)。

(10)制作种植池

单击"矩形"工具,绘制一个5780mm×490mm的矩形,使用"偏移"工具,将两条短边和一条长边向内偏移90mm,利用"擦除"工具,删除未偏移的部分。使用"推/拉"工具将剩余部分向上推拉110mm,使用"偏移"和"推/拉"工具,将上表面向外偏移30mm,并向上推拉60mm。通过"矩形"工具,在上表面绘制一个同样大小的矩形,利用"擦除"工具删除多余的线,通过"材质"工具添加材质,创建为群组(图3-3-88)。利用"移动"工具,将其移动至与景墙贴合(图3-3-89)。

图3-3-87 完成景墙主体结构

图3-3-88 种植池

图3-3-89 种植池与景墙贴合

(11)制作罐子

单击"圆"工具,绘制一个圆形参考面,单击鼠标右键,选中"查找中心",在圆上标识出圆心。连接圆心与边缘,单击"矩形"工具沿圆心与边缘绘制矩形,使用"圆弧"与"直线"工具,绘制罐子放样截面(图3-3-90)。点击圆,单击"路径跟随",点击绘制好的截面,完成罐子绘制。通过"默认面板-柔化边线"柔滑边线,将其创建为群组,使用"材质"工具添加材质(图3-3-91)。

(12)制作梯形装饰

单击"直线"工具,绘制上底长为190mm、下底长为120mm、高为210mm的梯形。使用"偏移"工具,将梯形边线向内偏移20mm,通过"圆弧"工具,将梯形外框进行倒角,并利用"推/拉"工具将外圈图形推拉80mm厚,内部梯形向内推拉5mm,创建为群组,使用"材质"工具添加材质(图3-3-92)。

图3-3-90 罐子放样截面　　图3-3-91 完成罐子制作　　图3-3-92 梯形装饰

(13)制作壁灯灯罩

单击"多边形"工具,将多边形的边数设置为"8",单击鼠标右键,选中"查找中心",在八边形上标识出中心。连接中心与边缘,单击"矩形"工具沿中心与边缘绘制矩形,使用"圆弧"与"直线"工具,在矩形上绘制壁灯放样截面(图3-3-93)。点击圆,单击"路径跟随",点击绘制好的截面,完成壁灯的轮廓绘制。通过"默认面板-柔化边线"柔滑边线,将其创建为群组,使用"材质"工具添加材质(图3-3-94)。

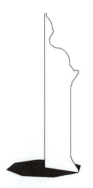   

图3-3-93 壁灯放样截面　　图3-3-94 完成壁灯灯罩　　图3-3-95 弯钩轮廓线　　图3-3-96 完成弯钩制作

（14）制作壁灯弯钩

单击"矩形"工具，绘制一个矩形参考面，再使用"圆弧"与"直线"工具，在矩形上绘制出轮廓线（图3-3-95）。将其推拉出10mm厚，单击鼠标右键，在弹出的对话框中选择"柔化/平滑边线"，对圆弧边线进行柔化。通过"材质"工具添加材质，利用"移动"工具，将其移动至与壁灯贴合（图3-3-96）。

（15）制作灯座轮廓线

单击"矩形"工具，绘制一个150mm×60mm的矩形参考面，再使用"圆弧"与"直线"工具，在矩形上绘制出轮廓线（图3-3-97）。

（16）完成壁灯制作

单击"推/拉"工具，将绘制的轮廓向外推拉3mm，按住Ctrl键，再往外推拉14mm，选择推拉后的面，使用"缩放"工具，选择对角线并按住Ctrl键，在右下角数值控制框内输入比例"0.85"，再往外推拉3mm厚。利用"材质"工具添加材质，单击"移动"工具，使其与壁灯完全贴合（图3-3-98）。

图3-3-97　灯座轮廓线

图3-3-98　制作壁座

（17）完成景墙制作

单击"移动"工具，将梯形装饰、瓶子、壁灯移至景墙合适位置，完成景墙制作（图3-3-99）。

图3-3-99　完成景墙制作

【巩固练习】

根据创建莲花图案底座的花钵，如图 3-3-100 所示。

图 3-3-100　莲花花钵

序号	实施步骤	相关工具/命令
1	绘制圆形路径和花钵底座截面，使用"路径跟随"命令完成底座部分	路径跟随
2	重复上述操作，完成花钵盆身制作，并将两者组合	路径跟随、移动
3	使用"圆弧"工具绘制一半莲花图案，使用"缩放"命令至 -1 倍完成镜像，移动组合完整莲花	圆弧、缩放
4	推拉莲花图案使其与花钵交错，使用"实体工具"形成交集	推/拉、实体工具
5	旋转复制 45°后，输入"*7"，共得到 8 个图案，完成花钵制作	旋转复制

任务 3-4　创建园林建筑

【工作任务】

园林建筑是指建造在园林和城市绿化地段内供人们游憩或观赏用的建筑物，既包括传统园林中的亭、榭、廊、阁、轩等建筑物，又包括现代公园中的廊架、茶室、公厕等小型建筑物。

本次任务分别选取传统园林中的六角攒尖亭和现代公园中的茶室作为案例进行讲解。本任务需要使用"旋转复制""实体工具""材质""路径跟随"等工具或命令进行建模。

【任务分解】

序号	实施步骤	相关工具/命令
1	制作六角攒尖亭	模型交错、材质工具、路径跟随、旋转复制
2	制作茶室	推/拉、路径跟随、缩放、移动复制、旋转复制

1. 制作六角攒尖亭

（1）制作底座

①打开"荷风四面亭.pdf"图纸和全景VR观察荷风四面亭，底部呈六边形，有6根立柱，顶部六角攒尖（图3-4-1）。

②亭子底座部分的底面为正六边形。单击"多边形"工具，在右下角数值处输入"6"，绘制半径为2200mm的六边形（图3-4-2）。

③单击"推／拉"工具，配合Ctrl键进行复制推拉，分别推拉450mm、150mm厚度，并将其创建为群组（图3-4-3）。

图3-4-1 查看亭子图纸

④使用"偏移"工具将底座向内偏移450mm，形成材质区分（图3-4-4）。

⑤使用"矩形"工具绘制1300mm×300mm的矩形，使用"移动复制"命令将其复制为3个，形成台阶平面（图3-4-5）。

⑥使用"推/拉"工具将其分别拉伸150mm、300mm、450mm高度，形成台阶部分，并将其创建为组件，放置到底座前后中心位置（图3-4-6）。

⑦使用"油漆桶"工具对底座中间添加方砖材质，对周边和台阶添加石材（图3-4-7）。

图3-4-2 绘制六边形　　图3-4-3 推拉底座高度　　图3-4-4 绘制材质区分

 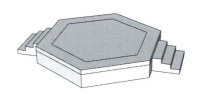 

图3-4-5 绘制台阶平面　　图3-4-6 放置台阶　　图3-4-7 添加材质

（2）制作座凳

①双击进入底座群组，选中中间六边形后复制，退出群组，点击"编辑 - 定点粘贴"将六边形粘贴到组外（图 3-4-8）。

②使用"偏移"工具将六边形向外偏移 300mm，使用"铅笔"工具分别连接内、外六边形对角，使用"橡皮"工具擦除多余线条，完成座凳平面（图 3-4-9）。

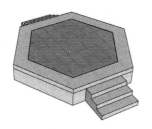 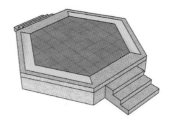

图 3-4-8　定点粘贴　　　　　图 3-4-9　绘制座凳平面

③单击"推 / 拉"工具将座凳底座拉伸 400mm 高度，并创建为群组（图 3-4-10）。

④选中座凳顶面，单击"偏移"工具将座凳顶部向外部偏移 50mm，然后单击"推 / 拉"工具抬升座凳顶部，其厚度为 50mm，擦除多余线条，并将其创建为群组（图 3-4-11）。

⑤选中座凳顶面，使用"柔化边线"工具使座凳顶面线条柔化，使用"油漆桶"工具给座凳底座添加白色，顶部添加深灰色石材材质（图 3-4-12）。将座凳整体创建为群组，方便后续立柱建模。将座凳群组隐藏。

图 3-4-10　推拉座凳高度　　　图 3-4-11　绘制座凳顶面　　　图 3-4-12　添加材质

（3）制作柱础

①单击"圆"工具绘制半径为 100mm 的圆面作为柱底面，连接圆心与边缘。单击"矩形"工具，沿圆心与边缘连线向外绘制高度为 150mm 的矩形，作为绘制弧线的基面（图 3-4-13）。

②单击"两点圆弧"工具在矩形平面上绘制柱础截面（图 3-4-14）。

③删除圆弧外侧线条，用鼠标单击圆形边线作为路径，执行"路径跟随"命令，单击圆弧面作为截面，完成路径跟随操作，形成柱础形状，并将其创建为组件（图 3-4-15）。

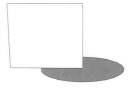
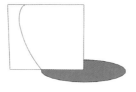

图 3-4-13　绘制圆柱底及基面　　图 3-4-14　绘制柱础截面　　图 3-4-15　完成柱础建模

（4）制作立柱

①双击柱础组件，进入组件编辑状态，将底面圆形复制到组件外后，移动到顶面位置，单击"推/拉"工具，推拉高度为 3000mm，得到第一根立柱，将其创建为组件（图 3-4-16）。

②使用"油漆桶"工具给立柱柱身添加深红色，柱础添加石材材质，将柱身和柱础再次创建为组件（图 3-4-17）。

③双击进入底座群组，将中央六边形轮廓向外偏移 150mm 形成立柱定位线，退出群组后将柱子组件移到角点位置（图 3-4-18）。

图 3-4-16　推拉立柱　　图 3-4-17　添加材质　　图 3-4-18　放置立柱

④选中柱子组件，单击"旋转"工具，接着将鼠标置于六边形中心，按住 Alt 键，以第一个角点为起点，旋转 60° 后，在右下角数值处输入"*5"，复制其余 4 根柱子（图 3-4-19）。

⑤单击"橡皮"工具将底座群组中的辅助线擦除，单击"编辑 - 撤销隐藏 - 最后"显示隐藏的座凳，完成亭子下部的建模（图 3-4-20）。

图 3-4-19　移动复制其余 4 根柱子　　图 3-4-20　完成亭子底座建模

小贴士：

对于左右对称的图像，可以先绘制半个图形，然后移动复制。SketchUp中没有镜像命令，可以使用"缩放"工具，通过缩放 –1 倍达到镜像效果。

（5）制作屋面

①单击"多边形"工具，在右下角数值处输入"6"，绘制半径为3000mm的六边形，作为屋顶的基面，并将其垂直移动复制一个（图3-4-21）。

②使用"矩形"工具，以六边形中心为起点绘制垂直于边线的矩形，高度为3000mm（图3-4-22）。

③单击"两点圆弧"工具，连接矩形对角线绘制圆弧，绘制路径跟随的路径（图3-4-23）。

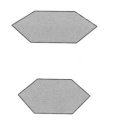 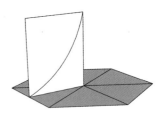

图3-4-21 移动复制屋顶基面　　图3-4-22 绘制矩形　　图3-4-23 绘制圆弧

④单击"两点圆弧"工具，以六边形一条边的两个端点为起止点，绘制弧高500mm的圆弧。选择"偏移"工具，向外偏移100mm，单击"铅笔"工具，连接两条弧线的首尾，绘制完成路径跟随的截面（图3-4-24）。

⑤单击"橡皮"工具，擦除除弧面和弧线外的所有辅助线，只保留路径跟随的截面和路径（图3-4-25）。

⑥单击选中弧线，使用"路径跟随"命令，选择弧形截面，完成路径跟随形成弧面（图3-4-26）。

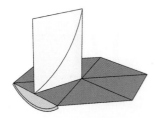  

图3-4-24 绘制弧面　　图3-4-25 保留弧面和弧线　　图3-4-26 路径跟随形成弧面

⑦单击"铅笔"工具,在下部六边形中划分出一个与上部对应的三角形,将三角形创建为群组,双击进入群组,使用"推／拉"工具,将三角形推高,使三棱柱与弧面相交(图 3-4-27)。

⑧选中三棱柱和弧面,右击"模型交错 - 只对选择对象交错",得到交错形状,单击"橡皮"工具,清理模型,擦除辅助线,得到如图 3-4-28 所示的单片三角弧面。

⑨选中"颜料桶"工具,在三角弧面上添加"屋顶 - 屋顶瓦"材质,右击"纹理 - 位置"将调整纹理方向和大小(图 3-4-29)。

图 3-4-27 三棱柱与弧形相交

图 3-4-28 得到单片三角弧面

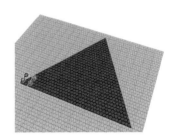
图 3-4-29 调整纹理方向和大小

⑩右击"纹理 - 投影",选择"吸管"工具吸取材质,添加到弧面,完成单片屋顶,双击选中将其创建为组件(图 3-4-30)。

⑪选中单片三角弧面,单击"旋转"工具,将鼠标置于三角形中心,按住 Alt 键,旋转角度为 60°,在右下角数值处输入"*5",复制出其余 4 个三角弧面图形,完成屋顶建模(图 3-4-31)。

⑫全选 6 片屋顶,将其创建为群组,将屋顶放置在立柱上(图 3-4-32)。

图 3-4-30 完成单片屋顶

图 3-4-31 完成屋顶建模

图 3-4-32 放置屋顶

(6)制作屋脊

①单击"矩形"工具,绘制一个 200mm×350mm 的矩形,单击"移动"工具和"旋转"工具将矩形放置在与屋脊垂直的边缘(图 3-4-33)。

②使用"两点圆弧"工具、"铅笔"工具、"矩形"工具绘制左半边屋脊截面。选中左半边屋脊,复制出右半边屋脊。选中右侧屋脊截面,单击"比例"工具,沿红轴方向选中"沿红轴缩放比例在对角点"附近,在右下角数值处输入"-1",实现镜像效果。将左右半边屋脊进行拼合,并创建为组件(图3-4-34)。

③双击屋脊截面创建群组,双击群组进入编辑模式,使用"两点圆弧"命令,沿屋面绘制曲线作为路径跟随的路径(图3-4-35)。

图3-4-33　绘制屋脊矩形　　　图3-4-34　绘制屋脊截面　　　图3-4-35　绘制曲线

④单击选中弧线,使用"路径跟随"命令,选择屋脊截面,完成路径跟随形成单条屋脊(图3-4-36)。

⑤单击"铅笔"工具,将截面进行划分,使用"推/拉"工具将屋脊端头推拉出不同长度,使用"油漆桶"工具给屋脊添加深灰色材质(图3-4-37),完成单个屋脊建模。

⑥选择屋脊,剪切双击进入屋面组件,选择"定点粘贴"将屋脊粘贴到屋面组件中(图3-4-38)。

图3-4-36　路径跟随形成屋脊　　图3-4-37　完成单个屋脊建模　　图3-4-38　完成屋脊

小贴士:

屋脊形状层次丰富,可以通过绘制截面图形然后通过"路径跟随"命令得到。为了体现层次感,在完成路径跟随操作后,可再将截面进行划分,并在顶端推拉出不同长度。

(7) 制作宝顶

①导入"荷风四面亭.jpg"并将图片炸开。

②使用"卷尺"工具沿比例尺绘制后输入 2000mm,将图片缩放至实际尺寸。

③使用"六边形"工具、"推拉"工具、"缩放"命令等参照宝顶立面轮廓进行绘制,并将其创建为群组(图 3-4-39)。

④使用"油漆桶"工具,给宝顶添加深灰色材质,将宝顶移动到亭子顶部(图 3-4-40)。

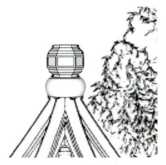 

图 3-4-39　绘制宝顶　　　　图 3-4-40　放置宝顶

(8) 制作挂落

①将屋顶部分隐藏后,双击立柱组件进入组件编辑模式,双击顶面选中柱顶截面,单击鼠标右键在菜单中选中"查找中心"找到圆心(图 3-4-41)。

②以底座中心为中心,使用"六边形"工具绘制六边形,尺寸延伸至立柱中心(图 3-4-42)。

③使用"偏移"工具将六边形向内外各偏移 25mm 后,将其拉伸 300mm,创建为群组并添加深红色材质(图 3-4-43)。

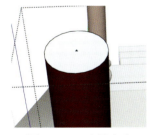  

图 3-4-41　查找中心　　　图 3-4-42　绘制六边形　　　图 3-4-43　绘制六边形边框

④由于挂落为对称图形,因此只需要绘制半边挂落即可。参考挂落样式绘制左半边(图 3-4-44),单击"推/拉"工具,向两侧各推拉出厚度 30mm。

⑤选中左侧挂落,复制后在空白处粘贴右侧挂落。选中右侧挂落,单击"比例"工具,沿红轴方向选中"沿红轴缩放比例在对角点"附近,在右下角数值处输入"-1",实现镜像效果,单击"移动"工具,将其与左侧挂落拼合,得到完整挂落,单击"橡皮"

工具擦除相交线（图3-4-45）。

⑥为挂落添加深红色材质后，将其整体创建为组件，粘贴到六边形框群组内（图3-4-46）。

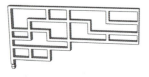
图3-4-44　绘制左侧挂落

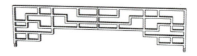
图3-4-45　镜像得到右侧挂落

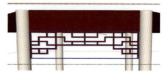
图3-4-46　移动挂落

⑦选中挂落组件，单击"旋转"工具，将鼠标置于六边形中心，按住Alt键，以第一根柱子中心为起点，旋转角度为60°，将第一个挂落移动复制至第二个柱间，在右下角数值处输入"*5"，复制出其余4个挂落（图3-4-47）。

⑧将屋顶部分显示后，根据屋顶位置调整挂落高度，完成六角亭建模（图3-4-48）。

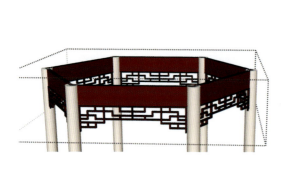
图3-4-47　移动复制

图3-4-48　调整高度

2. 制作茶室

（1）制作底座

①用"矩形"工具画出2400mm×500mm的矩形，用"推/拉"工具将矩形面域向上推出100mm的高度（图3-4-49）。

②将推拉后的体块向上复制一个，并用"缩放"工具将体块缩放成50mm厚度，赋予相应的材质（图3-4-50）。

图3-4-49　推拉台阶厚度

图3-4-50　制作踏步面

③将两个体块一起选中,用"移动复制"将其向上复制(图3-4-51)。

④用"矩形"工具创建5500mm×3500mm的矩形,用"移动"工具将矩形移动到相应的位置(图3-4-52)。

图3-4-51 移动复制踏步

图3-4-52 绘制矩形

⑤用"矩形"工具在矩形的边角画出450mm×450mm的矩形,用"移动复制"工具将画出的矩形进行复制(图3-4-53)。

⑥用"删除"工具删除不需要的面域(图3-4-54)。

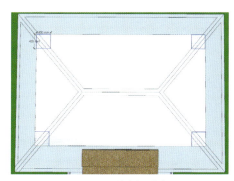
图3-4-53 绘制四角矩形

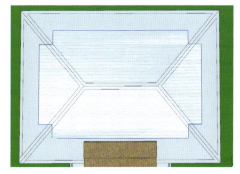
图3-4-54 删除多余面

⑦用"推/拉"工具向上推出400mm的高度,按住Ctrl键再次激活"推/拉"工具,将面向上推出50mm的厚度,完成后赋予相应的材质(图3-4-55)。

⑧激活"偏移"工具,将面域向内偏移300mm,对偏移后的面域赋予相应的材质(图3-4-56)。

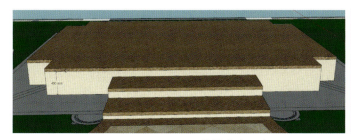
图3-4-55 推拉底座厚度

图3-4-56 划分材质

（2）制作立柱

①沿着地台缺口的位置，用"矩形"工具画出450mm×450mm的矩形（图3-4-57）。

②用"推/拉"工具推出450mm，完成后赋予相应的材质并创建组件（图3-4-58）。

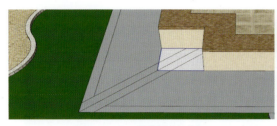

图3-4-57　绘制立柱底面　　　　　图3-4-58　推拉立柱底座

③双击柱体的组件进入组件内，用"偏移"工具将四边向外偏移25mm（图3-4-59）。

④用"推/拉"工具将偏移出来的面域向上推出80mm高度，完成后三击体块将其创建群组（图3-4-60）。

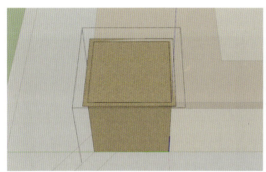
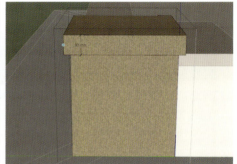

图3-4-59　偏移顶面　　　　　　　图3-4-60　创建群组

⑤用"矩形"工具画出矩形，用"偏移"工具将刚刚绘制好的面域向内偏移50mm，并将不需要的面域删除（图3-4-61）。

⑥用"推/拉"工具推出1670mm的高度并赋予相应的材质（图3-4-62）。

图3-4-61　偏移顶面　　　　　　　图3-4-62　推拉柱子高度

⑦用"卷尺"工具在柱体上做出辅助线并沿着复制线画出200mm×200mm和20mm×1370mm的矩形（图3-4-63）。

⑧在柱体顶面用"直线"工具作出辅助线，双击选中柱体上绘制出的造型面，激活"旋转复制"工具，沿着顶部的中点进行旋转复制（图3-4-64）。

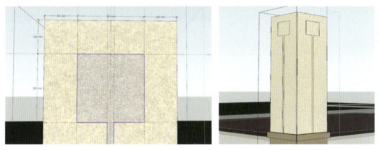

图3-4-63　划分侧面　　　　图3-4-64　绘制柱体造型

⑨用"推/拉"工具将柱体的面域向内推20mm厚度并赋予相应的材质（图3-4-65）。

⑩用"推/拉"工具推出20mm并对其赋予相应的材质，完成后创建群组，并用"旋转复制"命令将这个体块进行旋转复制（图3-4-66）。

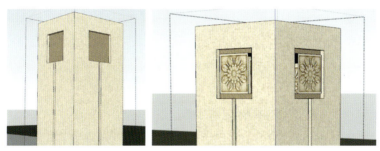

图3-4-65　推拉柱子造型　　　　图3-4-66　添加材质

⑪按ESC键退出群组，用"矩形"工具沿着柱体顶面画出400mm×400mm的矩形（图3-4-67）。

⑫用"偏移"工具向外偏移25mm的距离并向上推出40mm高度，完成后赋予相应的材质（图3-4-68）。

图3-4-67　绘制顶部矩形　　　　图3-4-68　推拉顶部线脚

⑬继续用"偏移"工具向外偏移25mm,并向上推拉出80mm的高度,完成后赋予相应的材质并三击体块创建组件(图3-4-69)。

⑭用"矩形"工具在造型柱顶上画出矩形,用"偏移"工具向内偏移60mm的距离,再向上推出210mm的高度并赋予相应的材质,完成后创建群组(图3-4-70)。

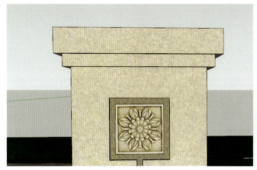

图3-4-69　推拉多层线脚　　　　　　图3-4-70　绘制矩形

⑮用"直线"工具沿顶面两边画出长50mm的线段,用"偏移"工具将两条线段向外偏移10mm的距离,用"直线"工具将其封面(图3-4-71)。

⑯用"推/拉"工具将面向下推出210mm并赋予相应的材质,完成后创建组件(图3-4-72)。

 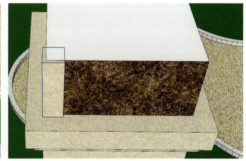

图3-4-71　偏移顶部图案　　　　　　图3-4-72　拉伸柱脚

⑰用"直线"工具在顶部画出辅助线,选中L形体块,用"旋转复制"工具将L形体块进行旋转复制(图3-4-73)。

⑱用"矩形"工具画出60mm×10mm的矩形,用"推/拉"工具推出210mm高度,赋予相应的材质并创建组件(图3-4-74)。

⑲用"移动复制"工具将长方体块进行移动复制(图3-4-75)。

⑳选中中间两个长方体块,用"旋转复制"工具将选中的体块进行旋转复制(图3-4-76)。

图 3-4-73 旋转复制

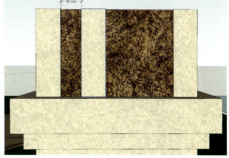
图 3-4-74 绘制侧面造型

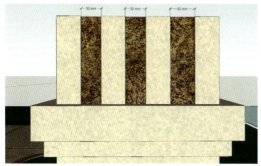
图 3-4-75 移动复制

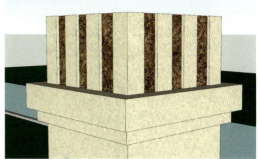
图 3-4-76 旋转复制得到 4 个面

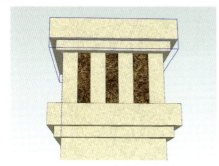
图 3-4-77 移动复制线脚

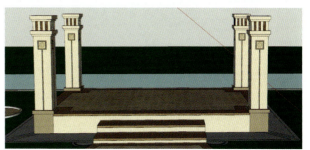
图 3-4-78 完成立柱

㉑将凹凸的造型用"移动复制"工具向上复制（图 3-4-77）。

㉒将整个柱体用"移动复制"工具复制到相应的位置上（图 3-4-78）。

（3）制作推拉门、落地窗

①用"矩形"工具画出 2200mm×785mm 的矩形（图 3-4-79）。

②用"偏移"工具将边向内偏移 60mm 的距离，将中间的面域删除（图 3-4-80）。

③用"推/拉"工具将面域推出 60mm 的厚度，赋予相应的材质并创建组件（图 3-4-81）。

④用"矩形"工具画出 2080mm×665mm 的矩形，用"推/拉"工具推出 10mm 的厚度，

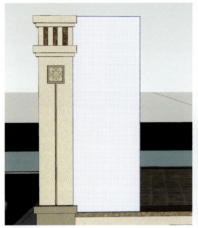
图 3-4-79　绘制矩形

图 3-4-80　偏移门框

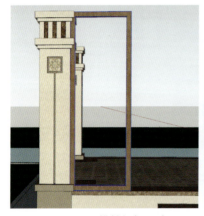
图 3-4-81　推拉门框厚度

图 3-4-82　创建推拉门玻璃

再用"移动"工具将玻璃移动到门框的中间位置，赋予相应的材质并创建群组（图 3-4-82）。

⑤用 Ctrl+X 组合键进行剪切，双击进入门框的组件内，用 Shift+V 键进行原位粘贴（图 3-4-83）。

⑥用"移动复制"工具将门框与玻璃进行复制（图 3-4-84）。

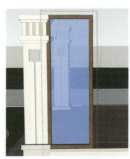
图 3-4-83　剪切进组件

图 3-4-84　移动复制推拉门

⑦用"矩形"工具画出25mm×650mm的矩形,用"推/拉"工具推出30mm的厚度,赋予相应的材质,用"移动复制"工具将门把手向右进行复制(图3-4-85)。

⑧将移门用"移动复制"工具向对侧复制作为落地窗(图3-4-86)。用上述方法制作对侧所有落地窗。

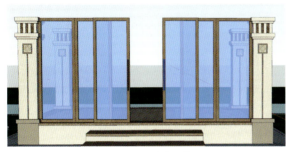 

图3-4-85　移动复制把手　　　　　　　图3-4-86　完成推拉门和落地窗

(4)制作屋面

①用"矩形"工具画出3550mm×5550mm的矩形,用"偏移"工具向外偏移240mm的距离,用"推/拉"工具推出100mm的厚度(图3-4-87)。

②用"偏移"工具偏移出100mm的距离,向上推出150mm的高度并赋予相应的材质(图3-4-88)。

图3-4-87　绘制屋面底座　　　　　　　图3-4-88　推拉屋面线脚

③用"偏移"工具向外偏移300mm的距离,用"推/拉"工具向上推出100mm的高度,三击选中体块并创建群组(图3-4-89)。

④用"矩形"工具画出4530mm×6630mm的矩形,用"推/拉"工具向上推出60mm的高度,再按Ctrl键继续向上推出100mm的高度(图3-4-90)。

图3-4-89　制作二层线脚　　　　　　　图3-4-90　制作三层线脚

⑤点击选中顶部的面域,激活"拉伸"工具,以中心为基点将面域沿着绿轴向外拉伸 1.04 倍(图 3-4-91)。

⑥用"推/拉"工具选中顶部的面域,按 Ctrl 键向上推出 900mm 的高度(图 3-4-92)。

图 3-4-91　拉伸顶面　　　　　　　图 3-4-92　推拉屋面

⑦点击选中顶部的面域,激活"拉伸"工具,按住 Ctrl 键将顶部的面域沿着绿轴向内拉伸 0.5 倍(图 3-4-93)。

⑧用"移动"工具将两边边线向中间移动(图 3-4-94)。

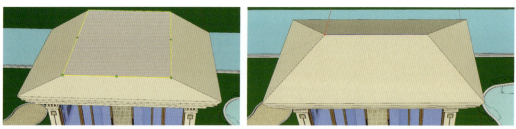

图 3-4-93　拉伸变形　　　　　　　图 3-4-94　移动边线

⑨使用"偏移"工具将顶面的斜坡顶向内偏移 100mm 的距离,对分割好的面域赋予相应材质(图 3-4-95)。

图 3-4-95　添加材质

⑩打开素材中的亭子、花池的模型,用 Ctrl+C 组合键进行复制。返回建模的 SketchUp 模型中,用 Ctrl+V 键进行粘贴,并用"移动"工具将花池放到相应的位置(图 3-4-96)。

图 3-4-96 放置花池

【巩固练习】

创建如图 3-4-97 所示的木质廊架。

图 3-4-97 木质廊架

序号	实施步骤	相关工具 / 命令
1	分别绘制 300mm×300mm×80mm、290mm×290mm×290mm、280mm×280mm×10mm、300mm×300mm×50mm 的长方体,利用"材质"工具添加材质,创建群组	矩形、推/拉、材质
2	绘制一个 200mm×210mm×2270mm 的长方体,将各边线向内移动 75mm,新形成的面向里推入 20mm,添加材质,创建群组,制作成立柱放置在基础上	矩形、推/拉、偏移
3	将柱子横向复制 2550mm,纵向复制 4280mm,排列成矩形	移动复制
4	绘制一个 2350mm×140mm×200mm 的长方体,移动到柱顶之间,并利用"旋转"工具,按住 Ctrl 键,旋转角度为 90°,在右下角数值处输入"*3",复制出其余 3 个横梁,调整长度和位置	矩形、旋转复制
5	分别绘制 3220mm×5600mm×50mm、3630mm×6000mm×30mm、3700mm×6000mm×30mm、3660mm×5960mm×80mm、3700mm×6000mm×30mm、3660mm×5960mm×30mm、2860mm×4080mm×40mm 的长方体,在最后绘制的长方体内绘制 2560mm×3780mm 的长方形,并向里推入 150mm	矩形、推/拉
6	绘制 2560mm×75mm×150mm 的长方体,创建组件,放置亭子顶面,通过"移动"工具,按住 Ctrl 键,移动距离为 182mm,在右下角数值处输入"*20",完成顶的制作	矩形、移动复制

项目 4

学习效果图渲染

  Lumion 是一款专业的三维可视化软件，它可以将 3D 模型转换成真实的场景和动画，让设计更具视觉冲击力和现实感。Lumion 可以帮助建筑师、城市规划师、景观设计师等专业人士，快速地将设计想法可视化，并与客户分享。

  Lumion 具有丰富的功能，包括实时渲染、高质量的光影效果、材质编辑、景观设计、天气模拟、动画制作等。它支持导入各种格式的 3D 模型，如 SketchUp、3ds Max、Revit、Rhino 等。用户可以通过 Lumion 直观的界面和简单易懂的工具，快速地进行场景编辑和动画制作。

  Lumion 也具有快速渲染的优势，它可以在几秒钟内完成一张高质量的渲染图像，而且渲染过程是实时的，用户可以在编辑过程中立即预览效果。Lumion 还有一个强大的社区，用户可以在社区中分享和下载高质量的 3D 模型、场景和动画效果。

【学习目标】

知识目标：

（1）理解三维可视化的基本概念和原理，包括材质、光影、场景设计等方面的知识。

（2）掌握 Lumion 软件的使用方法，包括导入模型、编辑场景、添加材质和光影等功能。

（3）了解 Lumion 的渲染引擎和渲染设置，以便能够制作出高质量的渲染图像和动画。

技能目标：

（1）会将不同格式的三维模型导入 Lumion 中，并对其进行编辑和调整。

（2）会熟练地使用 Lumion 中的各种功能，包括场景编辑、材质编辑、光影调整等。

（3）会制作高质量的渲染图像和动画，并能够将其输出为各种格式的文件。

素质目标：

（1）提高空间感知和设计能力，能够更好地理解和表达三维空间中的设计想法。
（2）增强创新意识和创造力，能够将自己的设计想法通过 Lumion 的工具和功能转化为视觉表达。
（3）提高团队合作能力，能够与其他专业人员进行沟通和协作，共同完成项目任务。

任务 4-1　了解 Lumion 软件

【工作任务】

SketchUp 是一款方便快捷的三维建模软件，但是在材质质感表现、灯光表现效果上很难达到真实效果。Lumion 作为一款实时渲染软件，在材质质感、灯光效果和特效展示上表现优秀，并且可以将".skp"文件直接导入 Lumion 中进行渲染操作，两款软件配合，可以高效完成效果图表现、漫游动画等工作。

通过本次任务，学生应熟悉 Lumion 11 的操作界面，掌握软件的基本操作。

【任务分解】

序号	实施步骤	主要内容
1	启动 Lumion 软件	主要介绍 Lumion 软件的启动方法及初始选项卡
2	了解 Lumion 软件界面	熟悉如何配置软件，熟悉相关命令的位置及其功能

【任务实施】

1. 启动 Lumion 软件

双击 图标启动 Lumion 11，进入 Lumion 11 环境界面（图 4-1-1）。初始界面包括 6 个选项卡，分别是：创建新的、输入范例、基准、读取、保存、另存为。

除了 6 个选项卡，还有"设置"和"语言"两个常用工具按钮（图 4-1-2）。

图 4-1-1　Lumion 11 环境界面

图 4-1-2 更改语言和设置

2. 了解 Lumion 软件界面

(1)"创建新的"选项卡

点击"创建新的"按钮 ,进入新建场景页面(图 4-1-3),此页面有 9 种不同天气、不同地形和不同风格的预设自然场景模板,鼠标点击任意自然场景,即可基于该场景创建一个新的场景。

图 4-1-3 新建场景

(2)"输入范例"选项卡

点击"输入范例"按钮 进入"输入范例"界面(图 4-1-4)。"输入范例"界面包含室内、景观、建筑等 9 种不同的预设案例场景,鼠标点击任意一场景,即可加载该场景并进行编辑。初次接触 Lumion 软件,可以加载一个范例场景学习 Lumion 渲染效果的一些基本参数。

图 4-1-4 "输入范例"界面

(3) "基准"选项卡

点击"基准"按钮 ⊙ 基准，可以进入"基准测试结果"界面（图 4-1-5），在这个界面可以看到我们使用的硬件（计算机）能不能很好地运行 Lumion 软件，可以根据此测试结果设置软件的交互质量。

图 4-1-5 "基准测试结果"界面

(4) "读取"选项卡

点击"读取"按钮 📂 读取，进入"加载项目"界面（图 4-1-6）。"加载项目"界面有 3 个部分，分别为"加载项目"、"合并项目"和"最近的项目"。

①点击"加载项目"按钮，弹出打开对话框（图 4-1-7），可以打开保存过的场景文件。注意，如果是用高版本软件保存的文件，用低版本软件是无法打开的。

②点击"合并项目"按钮，弹出对话框名称仍然为"打开"，但是此时软件执行的操作不是打开文件，而是将曾经保存的文件合并到当前场景来使用。

③在"最近的项目"界面中会以缩略图列表的方式列出最近使用的所有项目。将鼠标放在缩略图上会显示该项目的最后修改时间以及保存目录，可以快速访问之前的工作项目（图 4-1-8）。

图 4-1-6 "加载项目"界面

图 4-1-7 "打开"对话框

图 4-1-8 最近的项目

（5）"保存"和"另存为"选项卡

"保存"按钮 保存 和"另存为按钮" 另存为... 在缺省状态下是灰色的无法点击，会提示"无法保存，因为之前未保存当前项目"。场景首次保存需要先点击"另存为"按钮，之后再使用"保存"按钮（图 4-1-9）。

图 4-1-9 存储选项卡

（6）"设置"按钮

点击"设置"按钮 进入设置界面，设置界面有"图像""输入"和"系统"3 个选项卡，可以进行效果及交互方式的设置（图 4-1-10）。

在"图像"选项卡中可以设置编辑器质量，此处有 4 个星级等级，四星表示质量最高。实际操作时，系统会根据基准测试结果给出推荐的质量星级。

编辑器分辨率也是影响编辑器显示质量的重要因素，其设置会直接影响软件的交互速率。可以根据硬件配置和项目大小做对应的设置。

高质量的树木（快捷键 F9）也是常用的设置选项。当软件卡顿掉帧时，可以切换

图 4-1-10　图像设置

植物的显示质量，提升软件的交互速度。

在"输入"和"系统"选项卡中，可以根据用户使用习惯选择对应的交互方式。

（7）**"更改语言"按钮**

点击"更改语言"按钮 ，进入"更改语言"设置界面，一般选择简体中文（图 4-1-11）。

图 4-1-11　更改语言

【巩固训练】

1. 完成 Lumion 软件的安装。
2. 熟悉基础界面的基本信息和相应的功能介绍。

任务 4-2　放置模型物体

【工作任务】

了解了 Lumion11 的界面和基本的配置之后，可以对 Lumion11 的基本操作进行系统的学习，第一步就是将模型导入并放置到合适的位置。本任务讲解如何导入模型，以及如何放置 Lumion 中的配景物体。

通过本次任务，学生应了解将一个 SketchUp 导入 Lumion 中的步骤，以及配置简单配景并进行调整的方法。

【任务分解】

序号	实施步骤	主要内容
1	了解 Lumion 工作界面	主要介绍 Lumion 软件的工作界面基本功能
2	了解 Lumion 素材库面板	熟悉如何导入外部模型，使用素材库

【任务实施】

1. 了解 Lumion 工作界面

在欢迎界面点击"创建新的"按钮，选择一个空白场景，创建一个新的场景。在屏幕上有很多工具按钮，这些按钮包含了 Lumion 11 大部分操作，用户可以借助鼠标和快捷键来快捷地操作软件（图 4-2-1）。

图 4-2-1　新场景

（1）**操作提示**

将鼠标悬停在右下角的"问号"按钮 ❓，界面会显示软件的基本操作提示（图 4-2-2）。通过提示用户可以对软件的基本操作有一个初步的了解。

视图基本操作如下：

按住鼠标右键——自由旋转场景；按住鼠标中键——平移视图；方向键或 A/S/D/W 键——上下左右移动视图；Q/E 键——上下移动相机；Shift 键——加速移动视图；空格键——减慢移动视图。

图 4-2-2　基本操作提示

（2）工作模式

在工作界面的右下角有 5 个功能按钮，包括：编辑模式 、拍照模式 、360 全景 、动画模式 和文件 。通过这些按钮可以切换不同的工作模式。

（3）编辑模式

工作界面左下角的功能按钮包含了 Lumion 软件所有的编辑操作，主要分为四部分，分别是：素材库、材质、景观和天气 4 个选项卡（图 4-2-3）。

图 4-2-3　编辑模式选项卡

2. 了解 Lumion 素材库面板

（1）导入新模型

SketchUp、3ds Max 等三维软件制作的模型均可导入 Lumion 软件中，并可以对导入模型的位置、尺寸、材质属性等进行编辑操作。但是 Lumion 不具备模型创建和修改功能，如果要修改模型需要回到原建模软件进行修改后再重新载入。支持导入的文件格式有：.dxf、.dwg、.dae、.fbx、.skp、.max、.3ds、.obj 等（图 4-2-4）。SketchUp 保存的文件可以直接导入 Lumion 中使用。但要注意，导入 Lumion 之前应先保存为低版本（2015 及以下版本），早期的 Lumion 版本有些不识别中文名称，需改为英文名称之后再进行导入。

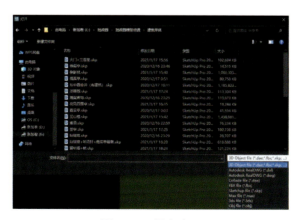

图 4-2-4　导入窗口

具体操作如下：

①点击"导入新模型"按钮 ，弹出"打开"对话框，选择需要导入的模型文件。

②点击"打开"按钮，在弹出的导入模型对话框中可以对导入模型进行命名（图

4-2-5），同时可以选择导入模型的缓存文件夹，方便以后调用和整理。"导入边/线"按钮默认关闭，可以根据表现场景选择打开或者关闭，常规效果表现可以保持关闭状态。设置完成后点击对号图标即可开始导入，导入时间根据模型大小和计算机配置不同而异。

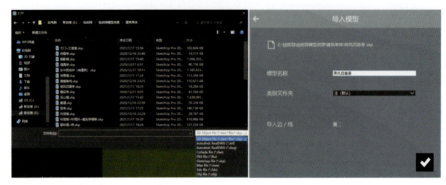

图 4-2-5　输入模型名称

③载入成功后会出现载入模型、呈长方体的模型边界框和十字光标，单击鼠标左键即可将模型放置在场景中。

（2）素材库面板

面板包含：导入的模型、自然配景（植物）、精细细节自然对象（真实树）、人和动物、室内配饰、室外配景、交通工具、灯光、特效、声音、设备和工具（图 4-2-6）。

（3）放置模式

放置模式分为单一放置、批量放置、群放置和油漆放置。在素材库面板中选择要放置的资源类别，会弹出资源列表窗口，在资源列表窗口中选择需要的资源即可将资源放置在场景中。其中"导入的模型库"面板中保存了曾经被导入的模型文件。用户可以再次添加模型，或在模型库中删除不需要的模型（图 4-2-7）。

图 4-2-6　素材库面板

图 4-2-7　添加或删除模型

①单一放置 ⬇ 点击"单一放置"按钮 ⬇，鼠标单击选择资源后，被选资源会跟随鼠标在场景中移动（图4-2-8），点击放置位置，即可完成资源放置。

②批量放置 🖉 鼠标单击选择资源后，在场景中单击鼠标，屏幕出现方向指引，在放置终点处再次单击鼠标（图4-2-9）。在左侧资源列表面板选择其他植物资源，点击底部编辑面板的加号 ➕，可以添加批量放置的资源种类（图4-2-10）。调整项目数、资源方向等参数，点击右下角的"对号"按钮 ✓，完成批量放置操作。

③群放置 ⦿ 在素材列表中选择素材，然后在场景中任意位置点击鼠标左键，即可生成10个一组的随机放置资源（图4-2-11）。

④油漆放置 ⊙ 选择需要放置的资源，将放置模式改为油漆放置，鼠标会变为一个圆形。按住鼠标不放在场景中涂抹，即可根据涂抹区域随机生成选定资源，屏幕下方的编辑命令可以修改资源生成密度。此工具还可以切换为删除模式，点击"垃圾桶"图标 🗑 即可，擦除时，需要在资源列表选择需要擦除的对象（图4-2-12）。

（4）选择模式

选中对象后右上角会显示对象的编辑面板，可以针对选择对象进行参数调整，不同对象可调节的参数不同（图4-2-13）。

图4-2-8　资源放置

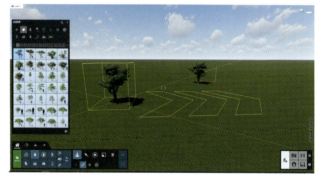

图4-2-9　批量放置

图4-2-10　批量放置调节

图4-2-11　随机摆放

图 4-2-12　油漆放置

图 4-2-13　对象属性

①移动方式　选择模式下默认为移动方式，有 4 个子命令：自由移动、上下移动、水平移动和键入，主要是用来控制物体的移动方式。鼠标选中物体，按住不放即可移动被选物体。

"自由移动"：被选物体可以任意捕捉摆放位置，自动捕捉地面以及导入模型的平面和立面。

"上下移动"：被选物体只可以上下移动，不能水平移动，不捕捉平面。

"水平移动"：被选物体只可以水平移动，不能上下移动，不捕捉地面。

"键入"：通过输入数值来精确控制物体的移动范围。

②快捷操作

在"自由移动"模式下按住 G 键：地面捕捉。在此状态下移动资源，可以将资源强制放置在场景地面上，该操作会忽略导入模型，不捕捉导入模型。不等同于"水平移动"，使用时要注意最终效果呈现。

在"自由移动"模式下按住 F 键：符合景观。此模式和默认"自由移动"模式类似，日常使用时可以不用按 F 键。

在"自由移动"模式下按住 Z 键：沿 Z 轴移动。该模式下所选物体只能沿着 Z 轴移动，相当于锁轴。

在"自由移动"模式下按住 X 键：沿 X 轴移动。该模式下所选物体只能沿着 X 轴移动，相当于锁轴。

在"自由移动"模式下按住 Shift 键：水平移动。该操作等同于水平移动。

在"自由移动"模式下按住 Alt 键：移动复制。移动的同时，会将被选物体复制一份，即对象复制。

在"选择模式"下按住 Ctrl 键：加选或框选选择。此模式下点击同类对象即可将对象加到当前选择集中。按住鼠标拖拽，可以创建一个矩形选区，将框选区域内的资源选中。

③对象编辑面板　单击鼠标左键选中场景中的一个对象后，右上角出现对象编辑面板，在默认面板上有"锁定"、"将当前的选择添加到组"（该命令只有在选择多个物体时才会被激活）、"图层切换"以及"选择该层全部对象"命令，面板下面还有针对不同对象的调整参数（图 4-2-13）。在面板左侧会展开高级选项面板（图 4-2-14）。

图 4-2-14　展开高级选项

在展开面板中，常用的有"选择所有相同对象"、"选择同一类别所有对象"；同级另外两个命令分别为"关注选择"和"在库中查找选定对象"。"关注选择"可以将选中对象居中最大化显示，"在库中查找选定对象"可以跳转到资源库列表界面，同时将当前命令切换为放置命令。除以上命令，高级选项面板还包括以下命令：随机位置、随机旋转、随机尺寸、放置在景观上和符合景观等。在选择多个对象时，高级选项面板还会出现以下命令：均匀隔开对象、对齐位置、对齐旋转、对齐大小和对齐高度（图 4-2-15）。

图 4-2-15　高级选项参数

（5）绕 Y 轴旋转

点击"绕 Y 轴旋转"按钮，调整场景中模型方向或朝向，系统会自动捕捉正东、正南、正西、正北方向。结合按住 Shift 键可以取消角度捕捉；同时选择多个对象进行旋转时，可以按住 K 键，让各个对象单独旋转，使每个对象都有不同的旋转角度。

切换到"绕 Y 轴旋转"命令后,屏幕下方会出现方向数据滑块,可以通过滑动数据滑块达到精确旋转的目的。在滑动的同时按住 Shift 键,可以微调数据(图 4-2-16)。

图 4-2-16　旋转参数调整

(6) **缩放工具**

点击"缩放工具"按钮 ▣,可以修改场景中对象的大小,将鼠标放到对象的控制点上,上下拖拽鼠标即可完成缩放。

(7) **删除工具**

点击"删除工具"按钮 ▣,拾取场景中需要删除的对象即可完成删除操作。注意,使用 Lumion 软件中的"删除"工具只可删除返回一次,使用时需要确定好删除对象再进行删除。

(8) **取消所有选择**

在选择单个或者多个对象后,点击"取消所有选择"按钮 ▣ 可取消选择。

(9) **撤销**

点击"撤销"按钮 ▣,只能撤销当前使用工具的操作步骤,不会撤销多个工具的操作步骤。

【巩固训练】

1. 熟悉基础界面操作,完成基础素材导入和放置。
2. 熟练编辑素材库模型的参数,丰富场景。

任务 4-3　调整模型材质

【工作任务】

将 SketchUp 文件导入 Lumion 软件后,由于 SketchUp 中材质真实性较差,大多为贴图的形式,为了制作更为真实和精致的效果图,因此需要在 Lumion 中选择更贴切实际的材质添加到对应区域。Lumion 11 提供了丰富的材质资源,使用"材质"命令拾取材质对象,即可对拾取材质进行编辑。Lumion 11 只能针对载入模型资源进行材质编辑操作，内置资源不能利用材质编辑器修改材质。

通过本次任务，学生应会使用材质库，并对 Lumion 中自带的材质进行编辑、复制、粘贴等操作。

【任务分解】

序号	实施步骤	主要内容
1	认识材质库"新的"选项卡	主要介绍 Lumion 软件的材质类型，重点介绍"新的"选项卡中各种材质参数的设置
2	了解预设材质库	主要介绍材质库中的常用材质
3	对象材质编辑	主要介绍对已有材质区域进行编辑
4	认识"材质"编辑器功能按钮	主要介绍复制材料、粘贴材料、将材料保存为自定义材料、加载材料、保存材料的方法

【任务实施】

1. 认识材质库"新的"选项卡

在材质库面板中包含了"各种""室内""室外""自定义材料"和"新的"5个选项卡，每个选项卡中都包含了若干组常用材质。除了"自定义材料"和"新的"（图4-3-1），其他选项卡都是软件预设好的材质资源，可以直接调用，不需要做过多调整即可达到很好的渲染效果。

在"新的"选项卡中有 11 种不同的材质类型，分别是：广告牌、颜色、玻璃、纯净玻璃、无形、景观、照明贴图、已导入材质、标准材质、水体和瀑布（图4-3-2）。

（1）**广告牌**

点击"广告牌"按钮 ，可以将对象材质指定为广告牌属性。被赋予该材质的对象会始终面向相机，视角移动时仍然面向相机，主要用于 2D 植物和 2D 人物模型。

（2）**颜色**

点击"颜色"按钮 ，可以将对象材质指定为纯色材质。通过颜色面板可以调节材质颜色和减少闪烁参数（图4-3-3）。选择"颜色"面板可以调整场景表现所需要的

图 4-3-1　材质库

图 4-3-2　材质库

图 4-3-3　颜色　　　　图 4-3-4　拾色器　　　　图 4-3-5　RAL 颜色

颜色，通过拾色器、HSV（色相、饱和度和明度）值、RGB 值及 web 色值进行颜色调整（图 4-3-4）。Lumion 11 还预设 RAL 色卡颜色（图 4-3-5）。

（3）玻璃

点击"玻璃"按钮，可以将对象材质指定为玻璃材质。玻璃材质编辑面板可以通过滑块对反射率、透明度、纹理影响、双面渲染、光泽度以及亮度等参数进行调整（图 4-3-6）。点击滑块后面的"T"按钮，可以输入精确数值进行调整。点击颜色色块按钮，在弹出的颜色编辑面板中，可以调整玻璃颜色（该面板和颜色调整面板相同）（图 4-3-7）。

（4）纯净玻璃

点击"纯净玻璃"按钮，可以将对象材质指定为纯净玻璃材质。纯净玻璃比玻璃有着更多的调节参数，纯净玻璃编辑面板可以对着色、反射率、内部反射、透明度、双面渲染、光泽度、结霜量、视差、地图比例尺 - 自定义和加强雨线等参数通过滑块进行调节。点击滑块后面的"T"按钮可以精确输入调节数值（图 4-3-8）。"着色"按钮可以调整玻璃颜色，同时可以通过滑块或者数值控制颜色混合量。

（5）无形

点击"无形"按钮，可以将对象材质指定为无形材质，使该材质为隐形材质。

图 4-3-6　玻璃　　　　图 4-3-7　玻璃颜色　　　　图 4-3-8　玻璃参数

（6）景观

点击"景观"按钮■，可以将对象材质指定为景观材质。该材质与景观系统中的景观元素设置完全对应，继承景观系统设置参数。

（7）照明贴图

点击"照明贴图"按钮■，可以将对象材质指定为照明贴图材质。照明贴图就是常说的物体自发光贴图。照明贴图编辑面板包含"照明贴图""光照贴图倍增""环境""深度偏移"等调节参数，可以通过滑块或者点击"T"按钮输入数值进行参数调节。

照明贴图中还包括"选择颜色贴图"和"选择光照贴图纹理"两个按钮，通过这两个按钮可以指定材质漫反射纹理和光照贴图纹理。通过"照明贴图参数"可以调整光照贴图纹理的发光强度，"光照贴图倍增"可以调节光照贴图纹理和漫反射纹理的混合度。

（8）已导入材质

点击"已导入材质"按钮■，可以将对象材质切换为"已导入材质"材质。如果当前物体的材质已经指定为其他材质，可以通过此命令恢复为模型导入时的自带材质。

（9）标准材质

点击"标准材质"按钮■，可以将对象材质指定为标准材质。如果不是使用Lumion 11 的预设材质库，而是使用模型导入时的自带材质，可以使用"标准材质"进行材质属性的调节。操作步骤：选择需要调节材质的对象，点击"标准材质"按钮■，进入标准材质编辑面板。材质编辑面板包括"着色""光泽""反射率""视差""地图比例尺 - 导入的"等材质基本属性和相关设置（图 4-3-9）。

着色：此参数结合颜色拾取器调整材质颜色。

光泽：此参数用来调节材质物理反射的模糊程度。数值越小代表材质表面越粗糙，数值越大代表材质表面越光滑。例如：墙面、土地地面、砖墙等光泽数值一般为 0，数值为 2.0 一般用来表现光滑玻璃以及打磨过的光滑金属表面。

反射率：此参数调节材质的反射强弱程度。数值越大反射越强，数值越小反射越弱。注意，在 Lumion 11 中，反射率数值为 0～1.0 调节的是材质表面的反射强度，1.0～2.0 调节的是材质的金属度，如果数值设置为 2.0，材质就表现为金属反射效果（图 4-3-10）。

图 4-3-9　标准材质

图 4-3-10　材质调整预览

视差：此参数通过法线贴图调节材质的凹凸属性，让材质表现更加逼真。使用该参数时需要开启"从颜色贴图创建法线贴图"按钮 ￼ 。

地图比例尺 - 导入的：此参数用来调节导入纹理的比例。按住 Shift 键可以微调滑块数值。

在标准材质调节面板下方点击"显示更多"，可展开更多材质调节面板，包括"位置""方向""透明度""设置""风化""叶子"6 个设置选项卡（图 4-3-11）。

图 4-3-11　更多材质设置

位置：包含"X 轴偏移""Y 轴偏移"和"Z 深度偏移"。通过这 3 个参数可以调整材质纹理的位置，也可以通过输入数值设置精确的移动位置。

方向：包括"绕 Y 轴旋转""绕 X 轴旋转"和"绕 Z 轴旋转"。通过这 3 个参数可以调整材质纹理的角度，也可以通过输入数值设置精确的旋转角度。

注意：以上两个参数调整需要将材质调整面板中"地图比例尺 - 导入的"参数设置成 1 或者其他数值，否则以上两个参数调节无效。

透明度：用来调整材质的透明度属性，包含"打蜡"和"透明度"两个参数。这两个参数只能选择一个进行调整，不能同时选择。

设置：包含"自发光""饱和度""高光"及"减少闪烁"等。通过滑块或者输入数值的方式调整各个参数，来实现需要表现的效果。

风化：Lumion 11 提供了 9 种风化风格，用户可以根据当前材质类别来选择对应的风化风格以及混合程度。预设风化风格分别为：石质、木材、皮革、银、铝、金、铁、铜和塑料。通过风化调节，可以让材质的表现效果更加真实（图 4-3-12）。

叶子：针对当前材质开启叶子叠加效果。该面板包括"扩散""叶子大小""叶子类型""展开模式偏移"和"地面"等调节参数。通过该面板可以将材质做出立体植物墙效果、绿篱效果或者水池驳岸绿植效果(图4-3-13)。

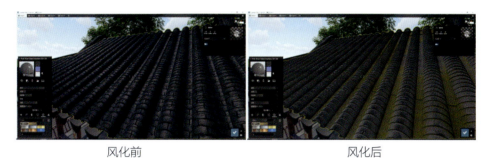

风化前　　　　　　　　　　　　　　风化后

图4-3-12　风化前后对比

图4-3-13　"叶子"选项效果

(10) **水材质**

点击"水材质"按钮，可以将对象材质指定为水材质。水材质面板参数包括：波高、光泽度、波率、聚焦比例、反射率和泡沫等，还可以通过"RGB"按钮调节水体的颜色(图4-3-14)，具体如下：

图4-3-14　水体材质

波高：用来调节水面波浪的动态程度。数值越大，水面波浪就越大，动态幅度也越大；数值越小反之。当数值为0时，水面呈镜面状态。

光泽度：控制水面的光泽度。该参数主要影响水面的反射模糊效果，需要结合反射率使用。

波率：用来调节水面波浪密度。波率数值越小，波浪密度就越大。

焦散比例：用来调节水体焦散效果。

反射率：用来调节水体的反射率。数值越大，反射效果越强。

泡沫：用来调节水体的泡沫量。

RGB：调整面板包含"颜色密度""照亮水颜色"和"颜色"等参数，通过该面板可以对水体颜色进行精确的调节。

（11）**瀑布**

点击"瀑布"按钮▲，可以进入瀑布材质面板。瀑布材质面板和水材质面板相同，可以参照水材质调整面板参数。

2. 认识预设材质库

Lumion 11软件中预设了各种、室内、室外等常用材质库（图4-3-15），库中包含了若干常用材质，所有材质都预设了渲染属性，载入即用，无须做过多的调整即可达到逼真的渲染效果。

其中，"各种"选项卡中包括：二维草、三维草、岩石、土壤、水、森林地带、落叶、陈旧、毛皮等；"室内"选项卡中包括布、玻璃、皮革、金属、石膏、塑料、石质、瓷砖、木材、窗帘等；"室外"选项卡中包括砖、混凝土、玻璃、金属、石膏、屋顶、石质、木材、沥青等。

图4-3-15 预设材质库

3. 对象材质编辑

点击"材质"按钮，将光标移动至需要调整材质的对象上，会自动按照材质进行预选，被预选物体会高亮显示，点击鼠标即可选中对象进行材质编辑，被选中对象有黄线描边。

当选中对象使用的是导入模型自带材质时，左下角会弹出"材质库"面板（图4-3-16），用户可以选择对当前材质进行参数调整，也可以选择软件预设材质进行替换，然后进行微调。

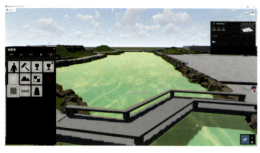
图 4-3-16　材质编辑

图 4-3-17　材质编辑

当中选对象使用的是 Lumion 预设材质时，左下角会弹出材质编辑面板（图 4-3-17），此时可以针对当前材质进行参数调整，调整完成后点击屏幕右下角"对号"按钮。

4. 认识"材质"编辑器功能按钮

对导入对象赋予材质后，"材质"编辑器对话框上会出现"复制材料""粘贴材料""将材料保存为自定义材料""加载材料""保存材料"5 个功能按钮。

①复制材料　复制当前材质，可以赋予同文件中的其他对象，需要结合"粘贴材料"使用。

②粘贴材料　将当前文件复制的材质赋予选择对象，需要结合"复制材料"使用。

③将材料保存为自定义材料　可以将当前选中材质保存到自定义材质库，方便调用。

④加载材料　加载外部材质，方便材质跨文件调用，需要用"保存材料"功能将材质保存为外部文件，文件格式为".lnm"。

⑤保存材料　将当前选中材质保存为外部文件，文件格式为".lnm"，以便跨文件调用，需要结合"加载材料"使用。

【巩固训练】

熟悉材质库界面，熟练编辑材质库素材。

任务 4-4　添加周围配景

【工作任务】

在真实的自然场景中会有不同的地形地貌，有平坦的草地、山石地面、河流等地形地貌。Lumion 11 虽然是一款专业的渲染软件，但是也拥有比较强大的地形地貌创建工具。在完成了模型主体的优化后，为了进一步烘托氛围，使模型周围景观更贴近实际情况，需要对周边的地形和水体以及街道等环境因素进行修改。本任务主要介绍高度、水、开放式街道地图、景观草等命令。

通过本次任务，学生会根据图片或预期的景观效果对周围地形和水体形式等进行细节的优化和处理。

【任务分解】

序号	实施步骤	主要内容
1	了解"高度"命令	主要介绍地形创建工具，帮助完成不同地形的创建
2	了解"水体"命令	主要介绍场景水体设置，帮助根据不同地形设置水体
3	了解"景观草"命令	主要介绍如何在场景中设置地被植物

【任务实施】

1. 了解"高度"命令

点击"高度"命令按钮 ▲，进入"高度"工具面板，通过此工具可以创建地形的高低起伏。

"高度"工具面板中包含：提升高度、降低高度、平整、起伏、平滑、画笔大小、画笔速度、平整景观地图、加载景观图、保存景观图等。

（1）**提升高度**

点击"提升高度"工具 ▲，在场景中会出现黄色圆形笔刷（图4-4-1），在需要提升地形高度的位置按住鼠标左键不放，即可抬升笔刷所及范围内的地形高度（图4-4-2）。

（2）**降低高度**

点击"降低高度"工具 ▼，在场景中会出现黄色圆形笔刷（图4-4-3），在需要降低地形高度的位置按住鼠标左键不放，即可降低笔刷所及范围内的地形高度（图4-4-4）。

（3）**平整**

点击"平整"工具 ▬，在场景中会出现黄色圆形笔刷，在需要平整地形的位置按住鼠标左键不放，即可平整笔刷所及范围内的地形（图4-4-5）。

图4-4-1 提升高度（1）

图4-4-2 提升高度（2）

图 4-4-3　降低高度（1）　　　　　图 4-4-4　降低高度（2）

平整前　　　　　　　　　　　　平整后

图 4-4-5　平整前后对比

（4）起伏

点击"起伏"工具 ▰，在场景中会出现黄色圆形笔刷，在需要地形有起伏的位置按住鼠标左键不放，即可做出地形起伏的效果（图 4-4-6）。

图 4-4-6　地形起伏

（5）平滑

点击"平滑"工具 ▰，在场景中会出现黄色圆形笔刷，在地形有起伏的位置按住鼠标左键不放，即可将起伏的地形做出平滑的效果。图 4-4-7 是对图 4-4-6 进行平滑的效果。

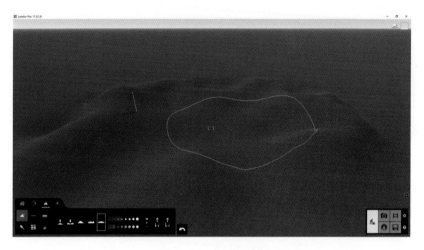

图 4-4-7　地形平滑

（6）画笔大小

画笔大小滑杆用来控制笔刷调整地形变化的大小范围。数值越小，黄色圈越小，地形起伏范围越小；数值越大，黄色圈越大，地形起伏范围越大。调节滑杆的同时按住 Shift 键可以进行微调，笔刷的大小型号参数可以精确到 0.0001。

（7）画笔速度

画笔速度滑杆用来控制笔刷调整地形变化的速度。数值越小，地形起伏变化越慢；数值越大，地形起伏变化越快。调节滑杆的同时按住 Shift 键可以进行微调，笔刷的大小型号参数可以精确到 0.0001。

（8）平整景观地图

点击"平整景观地图"按钮，可以一键将起伏地形调整为平整景观地形。

（9）加载景观图

点击"加载景观图"按钮，可以加载一张图形并生成地形，白色部分为高起地形（图 4-4-8）。支持的格式有：.jpg、.png、.psd、.bmp、.tga、.tiff、.dds。

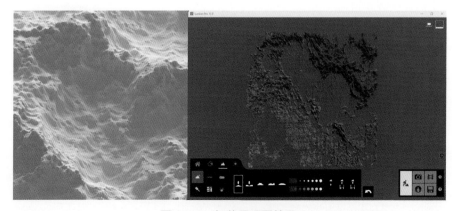

图 4-4-8　加载景观图效果

（10）保存景观图

点击"保存景观图"按钮，可以将地形导出为 DDS 格式，供其他软件使用。

2. 了解"水"命令

点击"水"命令按钮 ，进入"水体"面板。通过该面板可以任意添加、删除水体或者改变水体的类型，包含以下工具：放置物体、删除物体、移动物体和选择水的类型。

（1）放置物体

点击"放置物体"按钮 ，在需要添加水体的区域单击鼠标左键或按住鼠标左键不放并拖动鼠标，即可在场景中创建一片水域（图 4-4-9）。

（2）删除物体

点击"删除物体"按钮 ，在场景中已经创建的水体中心会出现一个白色的圆圈，将鼠标移动到需要删除的水面对应的白色圆圈上，此时水体呈现出红色（图 4-4-10），单击被选圆圈即可删除对应的水体。

图 4-4-9　创建水体区域　　　　　　　　图 4-4-10　删除水体对象

（3）移动物体

点击"移动物体"按钮 ，场景中的水体会出现一个上下移动图标 和 4 个缩放夹持点 （图 4-4-11），上下拖拽移动图标，可以调整水体的高度，拖拽 4 个夹持点可以调整水体面积和位置。

（4）选择水的类型

点击"选择水的类型"按钮 ，可以调节水体类型。软件预设了海洋、热带水、池塘、山涧水、污水、冰面 6 种不同的水体类型（图 4-4-12），点击任意一个缩略图即可将

图 4-4-11　移动水体对象　　　　　　　　图 4-4-12　更改水体类型

场景中的水体修改为对应的水体类型。下面以海洋为例介绍相关参数设置。

点击"海洋"按钮, 进入"海洋"命令面板，点击海洋开关按钮，激活海洋参数调节面板。海洋参数调节面板包括以下选项：海浪强度、浑浊度、高度、亮度、颜色1、颜色2和颜色预设（图4-4-13）。

①海浪强度　通过该参数滑杆可以调节海洋海浪的强度，数值越大，海浪强度越大，波浪越高，在场景中表现得越明显，同时海洋边缘泡沫量也越多；数值越小，海洋在场景中表现得越平静。在调节滑杆时按住"Shift"键可以对参数进行微调。

②浑浊度　通过该参数滑杆可以调节海水的浑浊度，数值越大海水越浑浊；数值越小，海水越清澈。在调节滑杆时按住"Shift"键可以对参数进行微调。

③高度　通过该参数滑杆可以调节海平面高度，数值越大，海平面越高；数值越小，海平面越低。在调节滑杆时按住"Shift"键可以对参数进行微调。

④颜色调节　海洋颜色调节分为两种，一种是手动调节，另一种是选择颜色预设。海洋有两种颜色，颜色1是调整远海颜色，颜色2是调整近海颜色，两种颜色都可以手动调节或者通过颜色预设滑杆选择颜色预设。软件在颜色1和颜色2中各预设了10种颜色供用户选择使用。

在拾色器下方有一个亮度调节参数，通过此滑杆可以调节海洋的亮度，数值越大，海面越亮；数值越小，海面越暗。在调节滑杆时按住"Shift"键可以对参数进行微调。

图4-4-13　更改海洋颜色

点击"描绘"命令按钮, 进入"描绘"工具面板。该面板可以通过笔刷添加场景地形或者修改材质。点击按钮弹出材质选择面板，该面板中预设了42种不同的景观地形材质，同时用户也可以自定义材质（图4-4-14）。用户在具体操作时可以选择任意一种材质，然后调整合适的笔刷速度、笔刷大小和材质比例，即可在场景中描绘出不同的材质效果。

点击"选择景观"按钮, 弹出"选择景观预设"对话框，可以改变景观地貌效果。Lumion 11提供了20种常用景观预设（图4-4-15）。

图 4-4-14　选择景观纹理　　　　　图 4-4-15　选择景观预设

3. 了解"景观草"命令

点击"景观草"命令按钮■，进入景观草编辑面板。点击"景观草开关"按钮■，可以打开景观草，进入景观草的参数编辑面板，对草尺寸、草高、野草、草丛配景进行设置。软件预设了 60 余种草丛配景供用户选择使用，点击"编辑类型"按钮■■弹出缩略图选择面板（图 4-4-16），每种配景可以通过调节扩散、尺寸、随机尺寸参数，使场景中的草地更为逼真。

图 4-4-16　选择草地目标

【巩固训练】

独立完成场景水体设置以及其他元素的设置。

任务 4-5　自定场景天气

【工作任务】

Lumion 软件提供了仿真的天气模拟系统，并可以通过设置参数完成太阳方位、太阳高度、积云密度、场景亮度、选择云彩等操作。在 Lumion 11 中还提供了更为逼真的真实天空系统，用户可以根据想表现的场景修改天气系统。

通过本次任务，学生可以根据需要调整太阳的亮度、角度等，从而改变阴影的明暗、大小、角度等，以便于做出更加多元化的效果图。

【任务分解】

序号	实施步骤	主要内容
1	了解太阳调节	介绍太阳方位、高度、亮度的调节方法
2	了解云调节	介绍云量、风速、风向、云彩种类的选择和调节方法
3	选择真实天空	对于 7 种真实天空的选择方法

【任务实施】

点击"天气"命令按钮■，编辑面板会切换为"天气"编辑面板。通过该面板可以对太阳的方位和高度、积云的密度和类型以及太阳的亮度进行调节（图 4-5-1）。

图 4-5-1　天气调整

1. 了解太阳调节

①太阳方位■　在罗盘内按住鼠标左键拖拽鼠标，可以控制太阳的方位。

②太阳高度■　在罗盘内按住鼠标左键拖拽鼠标，可以调节太阳的垂直高度以及控制昼夜变化。

③太阳亮度　滑动太阳亮度滑杆，可以调节太阳亮度，以此影响整个场景的明暗。在调节时滑杆上会显示亮度参数，数值精确到 0.1。

2. 了解云调节

（1）云量　滑动云量参数滑杆，可以调节天空中积云密度，数值越大，积云密度越大。在调节时滑杆上会显示云量参数，数值精确到 0.1。

（2）风速　滑动风速参数滑杆，可以控制场景的风速（主要以植物摆动幅度体现），风速参数以百分比计算，最高为百分之百。

（3）风向　滑动风向参数滑杆，可以控制风的方向，风向参数用角度计算，共 360°。

（4）选择云　点击"选择云"按钮，弹出"选择云彩"对话框，Lumion 11 预设了 9 种云彩类型供用户选择使用（图 4-5-2）。

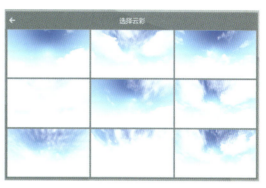

图 4-5-2　选择云彩

3. 选择真实天空

启用"真实天空"按钮，天空参数面板切换为真实天空参数面板，此时太阳高度罗盘会被禁用，云量参数会被隐藏，其他参数可以正常调节，作用和天

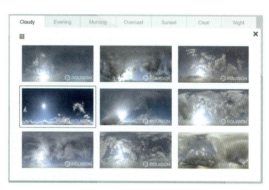

图 4-5-3　选择真实天空

空调整相同。同时，"选择云"按钮会切换为"选择真实天空"按钮，点击后会弹出真实天空对话框（图 4-5-3）。Lumion 11 预设了多云（Cloudy）、晚上（Evening）、早晨（Morning）、阴沉（Overcast）、日落（Sunset）、晴朗（Clear）、夜晚（Night）7 组真实天空预设供用户选择使用。

【巩固训练】

在场景内完成天气模拟系统设置。

任务 4-6　导出渲染成果

【工作任务】

将已经调整好的场景导出，并获得最佳效果是 Lumion 软件渲染的最后一步，可以选择导出为静态的图片或者动态的视频形式。

通过本次任务，学生会选择不同的透视角度以及不同的视点高度，从而获得不同的表现效果，同时了解渲染展示动画的流程和步骤。

【任务分解】

序号	实施步骤	主要内容
1	了解拍照模式	主要介绍拍照模式界面功能，帮助完成单帧效果图输出
2	了解动画模式	主要介绍动画功能，帮助熟练使用动画、特效编辑功能

【任务实施】

将导入到 Lumion 11 中的模型材质设置好，植物搭配放置好之后就可以创建场景进行成图导出，导出方式有拍照模式、动画模式和 360 全景。

1. 了解拍照模式

点击窗口右下角的"拍照"按钮 ◙，进入拍照模式。拍照模式可以将场景以单帧效果输出。拍照模式界面包括预览窗口、拍照编辑窗口、渲染以及特效编辑窗口输出 4 个部分（图 4-6-1）。

图 4-6-1　拍照模式窗口分区

（1）**预览窗口**

在预览窗口中使用的是与场景编辑模式相同的操作方式，可用鼠标调整摄像机拍摄角度。同时，调节预览窗口下方的滑杆，可以改变摄像机的焦距。该窗口也为渲染输出时提供即时预览的功能。

（2）**拍照编辑窗口**

可以将预览窗口添加并保存相机视口。在预览窗口将场景调整到合适的角度，将

图 4-6-2 场景保存

鼠标移动到场景下方的缩略图上,单击"保存相机视口"按钮 ,或利用组合键 Ctrl+ 数字键,可保存当前场景(图 4-6-2)。点击场景缩略图,或者按组合键 Shift+ 数字键,可以切换之前保存的场景。点击缩略图下面的文字可以更改场景名称。双击"删除"按钮 ,可以将已经保存的场景删除。

(3)**渲染**

调整好场景角度并保存当前镜头后,即可进行渲染照片操作。

点击"渲染"按钮 ,会弹出"渲染照片"面板,在此面板上可以选择"当前拍摄"或者"照片集(所有场景)"(图 4-6-3)。在"附加输出"中可以选择附加渲染其他通道,包含"D"(深度图)、"N"(法线图)、"S"(高光反射通道图)、"L"(灯光通道图)、"A"(天空 alpha 通道图)和"M"(材质 ID 图)。

在对话框最下方,可以选择不同分辨率进行渲染。系统预设了"邮件 1280×720""桌面 1920×1080""印刷 3840×2160"和"海报 7680×4320"4 种不同分辨率,点击对应的分辨率即可进行图片渲染。

(4)**特效编辑窗口**

①修改标题 在窗口左上方显示当前保存场景的标题,单击该区域可以对场景标

图 4-6-3 图像渲染

图 4-6-4 特效编辑

题进行更改,单击标题右侧"菜单"按钮■,可以对当前场景的特效进行复制效果、粘贴效果、清除效果以及保存效果、载入效果的操作(图 4-6-4)。

②添加自定义风格 Lumion 11 为用户提供了"现实的""室内""黎明""日光效果""夜晚""阴沉""颜色素描"和"水彩"8 种预设风格。用户可以根据需要选择对应的风格。但是在实际工作中,多数用户会选择自定义风格,而不选预设风格(图 4-6-5)。选择使用预设风格时,特效列表中的预设特效不能删减。

③添加特效 在自定义风格模式下,用户可以自己选择并添加需要的特效,点击"特效"按钮■,弹出"选择照片效果"窗口,其中包含了"特点""太阳""天气""天空""物体""相机""动画""艺术 1""艺术 2"和"高级"10 组不同的照片效果(图 4-6-6),用户可以根据出图效果选择不同的效果进行组合出图。

图 4-6-5 选择预设风格

图 4-6-6 特效面板

特点:"特点"分组中集合"正投影视图""2 点透视""景深""照片匹配""真实天空""太阳""阴影""反射""超光""天空光""颜色校正"和"图层可见性"12 种照片效果(图 4-6-7)。这些特效是从其他的分组中筛选出来的,在其他分组中也有体现。

太阳:"太阳"分组中包含了"太阳""体积光""太阳状态"和"体积光"4 种照片效果(图 4-6-8)。通过点击对应的缩略图图标,可应用该特效并进入编辑状态。

——太阳:可通过参数滑杆对"太阳高度""太阳绕 Y 轴旋转""太阳亮度"和"太阳圆盘大小"等参数进行调整(图 4-6-9)。在参数调整过程中,可以通过右侧的预览窗口实时观察调整效果。滑动滑杆的同时按住 Shift 键可以实现参数微调。点击"键入值"按钮■,可以输入精确参数。双击"删除效果"按钮■,可以将当前效果删除。

——体积光:体积光效果也就是常说的丁达尔效应。"体积光"面板通过"衰变""长度"和"强度"参数来调节体积光的效果。

——太阳状态:在"太阳状态"特效面板中可对"小时""分钟""白天""月""年""时区""夏令时""纬度""经度"和"向北偏移"等参数进行调节(图4-6-10)。其中,

图 4-6-7 "特点"特效面板　　　　　　图 4-6-8 "太阳"特效面板

图 4-6-9 太阳特效调节

图 4-6-10 "太阳"特效参数

点击"编辑"按钮进入太阳状态调整模式。可通过鼠标右键拖拽地球仪调整当前位置，滚动鼠标中键精确位置，点击鼠标左键确定太阳位置，点击✓完成设定（图4-6-11）。

天气："天气"分组中集合了"雾气""风"和"沉淀"3种效果（图4-6-12），通过点击缩略图进入相应的效果，并可以利用参数面板对效果进行调节。

图4-6-11　太阳状态调整　　　　　　　　图4-6-12　天气特效面板

——雾气：在"雾气"参数面板中，可以对"雾气密度""雾衰减""雾气亮度"和"亮度"等参数进行调节（图4-6-13）。

——风：在"风"参数面板中，可以对"风速""风向"和"植物叶上的风"进行调节。该效果只在动画模式下可用，拍照模式下是被禁用的（图4-6-14）。

图4-6-13　"雾气"特效参数　　　　　　　图4-6-14　"风"特效参数

——沉淀："沉淀"参数面板主要针对场景的模拟雨雪效果进行调节，"雨/雪"项用来切换雨雪效果。其他调整参数包括：降水阶段、粒子数量、粒子大小、被植物和树木阻塞、阻塞距离、添加雾、阻塞倾斜、雨线、雨线大小、雨线抵消（图4-6-15）。

天空："天空"分组中包含"北极光""真实天空""天空和云""凝结""体积云""地平线云"和"月亮"7种效果（图4-6-16）。通过点击缩略图进入相应的效果，并可以利用参数面板对效果进行调节。

——北极光：点击"北极光"缩略图可以给场景添加北极光效果，该效果需要在夜晚环境下使用，在"太阳"参数面板中将太阳高度调整到"-20°"以下才可预览效果。"北极光"效果参数包括：亮度、颜色偏移、速度、时间偏移、缩放和绕Y轴旋转（图4-6-17）。

——真实天空：点击"真实天空"缩略图，可以给场景添加真实天空效果，该效

图 4-6-15 "沉淀"特效参数

图 4-6-16 "天空"特效面板

图 4-6-17 "北极光"特效参数

果会直接取代"天空"和"天空和云"效果("太阳"效果参数调节不再生效,"天空和云"效果会显示"效果被另一个效果阻止")。"真实天空"效果参数包括:绕 Y 轴旋转、亮度、总体亮度和翻转天空(图 4-6-18)。点击"选择真实天空"按钮会弹出真实天空对话框,Lumion 11 预设了多云(Cloudy)、晚上(Evening)、早晨(Morning)、阴沉(Overcast)、日落(Sunset)、晴朗(Clear)、夜晚(Ninht)7 组真实天空预设供用户选择使用。

——天空和云:点击"天空和云"缩略图可以给场景添加天空和云效果,在参数调整面板中可以对"位置""云速度(动画模式下使用)""主云量""低云""高空云""云彩方向""云彩亮度""云彩柔软度""低空云软化消除""天空亮度""云预置""高空云预置""总体亮度"等参数进行调节(图 4-6-19)。如该效果显示"效果被另一个效果阻止",是因为添加了"真实天空"效果。如果需要使用"天空和云"效果,必须将"真实天空"效果关闭或者删除。

——凝结:在"凝结"面板中可以对"植物""径长度""随机分布"参数进行调节(图 4-6-20)。点击"凝结"缩略图即可添加凝结效果。

——体积云:在"体积云"面板中可以对"数量""高度""柔化""去除圆滑""位置""速度""亮度"和"预设"进行参数调节(图 4-6-21)。

图 4-6-18 "真实天空"特效参数

图 4-6-19 "天空和云"特效参数

图 4-6-20 "凝结"特效参数

图 4-6-21 "体积云"特效参数

——地平线云：在"地平线云"面板中可对"数量"和"类型"进行调节（图 4-6-22）。

——月亮：在"月亮"面板中，可以对"月亮高度""月亮位置"和"月亮尺寸"进行调节。"月亮"特效只有在夜晚环境下生效（图 4-6-23）。

图 4-6-22 "地平线云"特效参数　　图 4-6-23 "月亮"特效参数

物体："物体"分组包含"水""声音""层可见性""秋季颜色"和"变动控制"5 种特效（图 4-6-24），点击对应的缩略图可以对选中的特效进行参数调节。

图 4-6-24 "物体"特效面板

——水：在"水"特效面板里有"水下"和"海洋"两个控制开关。打开"水下"开关，当前场景会切换为水下效果（图 4-6-25）。

图 4-6-25 "水"特效参数

——声音："声音"特效只能在录像模式下针对整个动画片段进行添加。添加"声音"特效后可以添加自定义音效和背景音乐，通过关键帧控制特殊效果（图 4-6-26）。

——层可见性：通过"层可见性"特效可以控制各个图层的可见性，选择性输出内容。

——秋季颜色：在"秋季颜色"特效面板中可对"色相""饱和度""范围""色相变化"和"目标层"等参数进行调节（图4-6-27）。

图4-6-26 "声音"特效参数　　　图4-6-27 "秋季颜色"特效参数

——变动控制：通过此特效可以针对有变动效果的对象进行变动控制，"当前变化"参数控制对象的变动参数。

相机："相机"分组中包含"照片匹配""手持相机""曝光度""2点透视""动态模糊""景深""镜头光晕""色散""鱼眼""移轴摄影"和"正投影视图"11种相机特效（图4-6-28）。选择对应的缩略图即可添加对应特效并可以进行相应的参数调节，在这11种相机特效中动态模糊是不可以添加到照片模式的，只能在动画模式中使用。

图4-6-28 "相机"特效面板

——照片匹配：通过"照片匹配"特效，可以将场景匹配到实景照片中进行输出操作（图4-6-29）。

——手持相机：在"手持相机"特效面板中可对"摇晃强度""淡入/淡出""径向渐变开/关""径向渐变数量""径向渐变饱和""角度"和"焦距"等参数进行调节，图4-6-30）。

图 4-6-29 "照片匹配"特效参数

——曝光度：可以针对画面曝光度进行调节，数值越大曝光越强，默认曝光度为 0.5（图 4-6-31）。

——2 点透视：控制 2 点透视效果的开关，一般人视构图需要开启（图 4-6-32）。

——动态模糊：调节动画模式下镜头移动物体的动态模糊效果。该特效在照片模式下无法使用（图 4-6-33）。

——景深：在"景深"特效面板中可对"数量""前景/背景""对焦距离""锐化区域尺寸""自动对焦""编辑"和"背景虚化形状"参数进行调节（图 4-6-34）。

——镜头光晕："镜头光晕"特效可以给图像添加镜头光晕效果。在特效面板中可以对"光斑强度""光斑自转""光斑数量""条纹色散""光斑衰减""绽放数量""主亮度""变形条纹数量""重影数量""分割明亮像素""晕轮数量"和"镜头灰尘量"参数进行调节（图 4-6-35）。

——色散：在"色散"特效面板中可对"分散""受影响范围"和"自成影"参数进行调节（图 4-6-36）。

——鱼眼：在"鱼眼"特效面板中可对"扭曲"参数进行调节（图 4-6-37）。

——移轴摄影：在"移轴摄影"特效面板中可对"数量""变换量""旋转"和"锐化区域尺寸"参数进行调节（图 4-6-38）。

图 4-6-30 "手持相机"特效参数

图 4-6-31 "曝光度"特效参数

图 4-6-32 "2 点透视"特效参数

图 4-6-33 "动态模糊"特效参数

图 4-6-34 "景深"特效参数

图 4-6-35 "镜头光晕"特效参数

图 4-6-36 "色散"特效参数

图 4-6-37 "鱼眼"特效参数

图 4-6-38 "移轴摄影"特效参数

图 4-6-39 "正投影视图"特效参数

——正投影视图：在"正投影视图"特效面板中可对"开启""近距裁切""远距裁切"和"全彩色开关"进行调节（图 4-6-39）。

动画："动画"分组包含"群体移动""移动""高级移动""动画灯光颜色""时间扭曲"和"动画阶段"6 种特效，点击对应缩略图即可添加对应的特效（图 4-6-40）。其中"群体移动""移动""高级移动"和"动画阶段"4 个特效只有在动画模式下才可以使用。

——群体移动：添加此特效可以完成目标群体在场景中的空间运动。操作步骤如下：

第一步，点击缩略图进入"群体移动"，点击"编辑"按钮进入"群体移动"编辑面板（图 4-6-41）。

第二步：点击"添加路径"按钮，在场景中绘制移动路径，按 Ctrl 键可以添加路径节点。路径生成后可通过两端白色圆点和中间十字光标对路径进行编辑。

图 4-6-40 "动画"特效面板

图 4-6-41 群体移动

第三步：设置路径参数，通过"路径宽度"滑块调节路径宽度；通过"车/模型速度"滑块调节路径内物体的移动速度；同时可以通过"人物显示开关""车辆显示开关""已输出物体显示开关""双方向开关"控制路径内物体的显示类型和移动方向（图 4-6-42）。设置完成后点击"确认"按钮☑结束命令。

图 4-6-42 "群体移动"路径参数

——移动：通过此操作可以完成目标物体在场景中的空间直线运动和旋转等。操作步骤如下：

第一步，点击缩略图添加特效并进入"移动"编辑页面。

第二步，点击"编辑"按钮，进入移动"编辑"界面。在屏幕下方出现编辑面板（图4-6-43）。

第三步，点击"开始位置"按钮，确定物体的初始位置。

第四步，使用"移动"命令，点击物体插入点，移动至目标位置处。点击"结束位置"完成位移设置。

此命令还可以根据X、Y、Z轴进行旋转操作，具体操作步骤与移动相同。

——高级移动：通过此操作可以完成目标物体在场景中的多点、多线路运动。操作步骤如下：

第一步，点击缩略图添加特效并进入"高级移动"编辑页面（图4-6-44）。

第二步，点击"编辑"按钮，进入"高级移动"编辑界面。在屏幕下方出现编辑条（图4-6-45）。

图4-6-43 "移动"编辑

图4-6-44 高级移动

图4-6-45 "高级移动"编辑

第三步，点击物体上的控制点并拖动，使其变更位置，并在红色时间轴上调整关键帧位置。通过"时间控制范围"按钮，控制移动速度。

第四步，点击"确认"按钮✓完成位移设置。

——动画灯光颜色：在"动画灯光颜色"特效面板中可以调节"选择灯光"按钮以及对"红色""绿色""蓝色"参数进行调节（图4-6-46）。编辑模式下，可以选中需要调节的灯光对象。

图4-6-46 动画灯光颜色

——时间扭曲：在"时间扭曲"特效面板中可对"偏移已导入带有动画的角色和动物""偏移已导入带有动画的模型"参数进行调节。

——动画阶段：进入"动画阶段"编辑面板，可以对动画进行高级编辑操作，可对"开始时间""持续时间""简单进入""交错""反向交错顺序开关""移动距离"和"开

图 4-6-47 "动画阶段"参数（1）

图 4-6-48 "动画阶段"参数（2）

始之前不可视"进行参数调节（图 4-6-47）。同时可以给对象添加"Sky drop""Pop in""Ground rise"和"Implode"等效果（图 4-6-48）。

艺术 1："艺术 1"分组包含"勾线""颜色校正""粉彩素描""标题""图像叠加""淡入/淡出""草图""锐利""绘画""暗角""噪音""水彩"12 种艺术效果，点击缩略图即可添加对应的艺术特效（图 4-6-49）。

图 4-6-49 "艺术 1"特效面板

——勾线：点击"勾线"缩略图，添加"勾线"艺术特效。"勾线"特效参数面板可以针对"颜色变化""透明度""轮廓密度"和"轮廓透支"参数进行调节。可以通过预览窗口，实时查看参数效果（图 4-6-50）。

——颜色校正：在"颜色校正"特效面板中可对"温度""着色""颜色校正""亮度""对比度""饱和度""伽马校正""下限"和"上限"参数进行调节。可以通过预览窗口，实时查看参数效果（图 4-6-51）。

图 4-6-50 "勾线"特效参数

图 4-6-51 "颜色校正"特效参数

——粉彩素描：在"粉彩素描"特效面板中可对"精度""概念风格""轮廓密度""线长度""轮廓淡出""轮廓样式""白色轮廓""颜色边缘""深度边缘"和"边缘厚度"参数进行调节。底部还包含了"草图灰色""草图白化""草图软化""草图彩色""粉彩单调""粉彩混合""粉彩模糊"和"粉彩锐利"8个预设模板，用户可以直接选择使用预设模板。可以通过预览窗口，实时查看参数效果（图 4-6-52）。

图 4-6-52 "粉彩素描"特效参数

——标题：该特效只能在动画模式中使用，拍照模式无法添加。操作步骤如下：

第一步，点击缩略图进入"标题"编辑页面。点击"编辑"按钮，进入"标志"和"风格"面板（图 4-6-53）。

图 4-6-53 "标题"特效参数

第二步，在"标志"面板中添加图像文件；在"风格"面板中选择特效文字风格，确定文字出现位置、字体及颜色。

第三步，点击"确定"按钮回到"标题"编辑页面。在"标题"编辑页面白色文字输入区内，键入需要在动画中出现的标题文字。

同时，可通过调节"启动于（%）""持续时间（秒）""输入/输出持续时间（秒）""文字大小"和"徽标大小"参数完成标题在动画场景中的设置（图 4-6-54）。

图 4-6-54 "标题"效果

——图像叠加：点击"图像叠加"缩略图，进入"图像叠加"特效面板。点击"选择文档"按钮 可以载入外部文档覆盖当前场景，然后通过调整"不透明度"进行画面混合（图4-6-55）。

图 4-6-55 "图像叠加"和"淡入/淡出"特效参数

——淡入/淡出：调整参数包括"持续时间"和"输出持续时间"，样式包括"黑色""白色""模糊"和"黑色模糊"4种样式（图4-6-55）。该特效只针对动画模式有效，照片模式不能添加该特效。

——草图：在"草图"特效面板中可对"精度""草图风格""对比度""染色""轮廓淡出"和"动态"参数进行调节。可以通过预览窗口，实时查看参数效果（图4-6-56）。

图 4-6-56 "草图"特效参数

——锐利：可对锐利"强度"进行调节（图4-6-57）。

图 4-6-57 "锐利"特效参数

——绘画：添加"绘画"特效，进入"绘画"特效面板，可对"涂抹尺寸""风格""印象""细节"和"随机偏移"等数进行调节（图 4-6-58）。

图 4-6-58 "绘画"特效参数

——暗角：在"暗角"特效面板中可对"晕影数量"和"晕影柔化"参数进行调节（图 4-6-59）。

图 4-6-59 "暗角"特效参数

——噪音："噪音"特效是给画面添加杂色特效，添加"噪音"特效后可以对"强度""颜色"和"尺寸"参数进行调节（图 4-6-60）。

图 4-6-60 "噪音"特效参数

——水彩：在"水彩"特效面板中，可以对"精度""径向精度""深度精度""距离""白化"和"动态"参数进行调节（图 4-6-61）。

图 4-6-61　"水彩"特效参数

艺术 2："艺术 2"特效组包含"泛光""模拟色彩实验室""漫画""泡沫""选择饱和度""漂白""漫画""材质高亮""蓝图""油画"和"所有艺术家风格"11 种艺术特效（图 4-6-62）。

图 4-6-62　"艺术 2"特效面板

——泛光："泛光"特效面板可以对泛光数量进行调节，数值越大效果越明显（图 4-6-63）。

——模拟色彩实验室："模拟色彩实验室"特效面板包含"风格"和"数量"两个参数调节面板（图 4-6-64）。其中"风格"包含了 20 种预设风格，调节范围为 0～2.0，每 0.1 个单位为一种风格；通过"数量"参数调节与原始画面进行混合操作。

图 4-6-63 "泛光"特效参数

图 4-6-64 "模拟色彩实验室"特效参数

——漫画:"艺术 2"提供了两个"漫画"特效,该特效为第一行第三列的"漫画"特效。在"漫画"特效参数面板中可以对"填充方法""轮廓与填充""色调计数""染色"和"图案"参数进行调节(图 4-6-65)。

图 4-6-65 "漫画"特效参数

——泡沫:在"泡沫"特效面板中可以对"漫射""减少噪点"和"Color"进行调节(图 4-6-66)。

图 4-6-66 "泡沫"特效参数

——选择饱和度：在"选择饱和度"特效面板中可以对"颜色选择""范围""饱和度""黑暗"和"残余色减饱和"参数进行调节（图 4-6-67）。该特效可以针对"颜色选择"参数选中的颜色进行饱和度调整，是比较常用的一种特效。

图 4-6-67 "选择饱和度"特效参数

——漂白：在"漂白"特效面板中，可以对漂白数量进行调整，该参数类似于"去色"（图 4-6-68）。

图 4-6-68 "漂白"特效参数

——漫画：该特效为第三行第一列的"漫画"特效。在"漫画"特效面板中可以对"轮廓宽度""轮廓透明度""色调分离数量""色调分离曲线""色调分离黑色亮度"

图 4-6-69 "漫画"特效参数

"饱和度"和"白色填充"参数进行调节（图 4-6-69）。

——材质高亮：在"材质高亮"面板中，可以通过"编辑"面板选中需要高亮的材质，然后通过"Color""风格"和"透明度"参数进行样式和混合度的调节（图 4-6-70）。

图 4-6-70 "材质高亮"特效参数

——蓝图：在"蓝图"特效面板中可以对"阶段""网格缩放""X 网格补偿"和"Z 网格补偿"参数进行调节（图 4-6-71）。"阶段"参数范围为 0～1.0，每 0.1 为一个阶段，总共有 10 个阶段，不同阶段有不同的效果。

图 4-6-71 "蓝图"特效参数

——油画：在"油画"特效参数中可以对"绘画风格""画笔细节"和"硬边"参数进行调节。"画笔细节"数值越大画面风格越写实，反之越抽象（图 4-6-72）。

图 4-6-72 "油画"特效参数

——所有艺术家风格：在"所有艺术家风格"面板中预设了"塞尚风格""埃尔·格列柯风格""高更风格""康定斯基风格""莫奈风格""莫里索风格""毕加索风格"和"罗伊里奇风格"8 种艺术家风格（图 4-6-73）。

图 4-6-73 "所有艺术家风格"预设

高级："高级"分组中包含了"阴影""并排 3D 立体""反射""打印海报增强器""天空光""超光""近剪裁平面"和"全局光"8 个特效面板（图 4-6-74）。

——阴影：在"阴影"特效面板中可以对"太阳阴影范围""染色""亮度""室内/室外""omnishadow""阴影校正""阴影类型""柔和阴影""精美细节阴影"进行调节（图 4-6-75）。"室内/室外"根据当前场景属性进行参数调整，室外场景将此参数调整为"1"，室内场景将此参数调整为"0"。出图时"柔和阴影"和"精美细节阴影"一般保持开启状态。

——并排 3D 立体：该特效仅对完整动画有效，对照片模式和单段动画无效。其特效面板包含"眼距""对焦距离""左 - 右""右 - 左"参数（图 4-6-76）。

图 4-6-74 "高级"特效面板

图 4-6-75 "阴影"特效参数

图 4-6-76 "并排 3D 立体"特效参数

——反射:在"反射"特效面板中可对"使实现""平面反射""预览"进行调节(图 4-6-77)。操作步骤如下:

图 4-6-77 "反射"特效参数

第一步,点击"编辑反射面"按钮进入反射面编辑窗口(图 4-6-78)。

图 4-6-78 "编辑反射面"设置

第二步,点击加号,添加反射面(图 4-6-79)。

图 4-6-79 添加反射面

第三步,点击对号完成反射面编辑。

反射为出图时必须添加的特效，添加"反射"特效后物体的反射效果更真实，渲染效果更好，但是该特效不建议在编辑其他特效状态下常开，因为"反射"效果会占用大量的计算机资源，容易造成计算机卡顿。

——打印海报增强器：该特效面板只提供一个"开关"按钮（图4-6-80），需要该特效时点击开启即可。

图4-6-80 "打印海报增强器"特效参数

——天空光：在"天空光"特效面板中可以对"亮度""饱和度""天空光照在平面反射中""天空光在投射反射中""渲染质量"进行调节，其中"渲染质量"分为"法线""高"和"极端的"3个等级（图4-6-81）。

图4-6-81 "天空光"特效参数

——超光：在"超光"面板中可对"数量"和"在预览中启用"进行调节（图4-6-82）。

——近剪裁平面：可以对"近剪裁平面距离"进行调节，得到相机裁剪的效果，一般用于镜头前有遮挡物的场景（图4-6-83）。

——全局光：在"全局光"特效面板中可对"选择灯光""阳光量""衰减速度""减少斑点""阳光最大作用距离""预览点光源全局光和阴影"参数进行调节（图4-6-84）。

图 4-6-82 "超光"特效参数

图 4-6-83 "近剪裁平面"特效参数

图 4-6-84 "全局光"特效参数

其中，点击"编辑"选择灯光按钮，可选择场景中光域，单独调节聚光灯 GI 强度。

以上是 Lumion 11 提供的所有可用特效，用户可以根据不同的设计场景选择合适的特效进行添加调整，以达到最好的出图效果。在增加调整好特效后即可进入渲染环节。

2. 了解动画模式

点击屏幕右下角"动画模式" ，进入"动画模式"面板，通过该模式可以进行动画制作，包括"动画预览窗口""动画编辑窗口"和"特效编辑窗口"三部分。

（1）动画预览窗口

动画预览窗口主要用于预览已经录制好的动画。在预览窗口下方有个时间轴，任意选择一个动画片段，点击"播放"按钮，即可预览该动画。在自动播放停止情况下，也可以自行拖动红色时间轴，预览动画片段（图4-6-85）。

图4-6-85　动画模式编辑面板

（2）动画编辑窗口

动画编辑窗口主要用于添加视频、图片以及录制和保存动画。

在"动画模式"窗口下方会出现如图4-6-86所示的画面。已经录制好的动画会以缩略图的形式出现在下方有标号的方框内，每张缩略图代表一个动画片段。选择任意缩略图，会在其上方出现"录制""来自文件的图像"和"来自文件的电影"3个按钮（图4-6-87）。

图4-6-86　动画页面

图4-6-87　添加动画页面

①录制　操作步骤如下：

第一步，点击"录制"按钮，进入录制动画面板，即可开始录制动画（图4-6-88）。

图4-6-88　录制动画关键帧

第二步，在录制视频的窗口中可以通过鼠标右键、键盘方向键以及焦距滑块的配合使用来调节镜头（图4-6-89）。

图4-6-89　动画镜头调节

第三步，确定好镜头，在录制关键帧时，点击"添加关键帧"按钮（图4-6-90）。

图4-6-90　添加关键帧

第四步，调节"时间"按钮，确定该动画片段的时间，点击"确认"即可录制完成一个动画片段（图4-6-91）。

图4-6-91　动画时间

②来自文件的图像　点击"来自文件的图像"按钮，弹出"打开"对话框。选择需要添加的图片并打开，即可将图片当作一个动画片段插入播放列表中。动画列表中可添加的图片格式包括 JPG、PNG、PSD、BMP、TGA、TIF、DDS（图 4-6-92）。

③来自文件的电影　点击"来自文件的电影"按钮，弹出"打开"对话框（图 4-6-93）。选择一个 MP4 格式的视频，即可将该视频片段插入播放列表。

图 4-6-92　添加来自文件的图像　　　　图 4-6-93　添加来自文件的电影

④编辑动画片段　在录制好的动画缩略图上点击鼠标左键，上方即出现"编辑片段"按钮、"渲染片段"按钮和"删除"按钮（快捷方式为双击鼠标左键）。

⑤渲染影片　当整个动画录制完成之后，点击画面右下方的"渲染影片"按钮，弹出如图 4-6-94 所示的"渲染影片"面板，完成影片渲染。影片视频可保存成不同的文件格式。

图 4-6-94　渲染影片

整个动画：将整个影片渲染为 MP4 视频文件，具体应设置以下参数（图 4-6-95）。

——输出品质：5 星表示产品级质量（全特效，16× 抗锯齿）。星数越少渲染质量越低。

——每秒帧数：一般渲染视频每秒 30 帧。帧数越高越清晰。

——视频清晰度：小（640×360）、高清（1280×720）、全高清（1920×1080）、四倍高清（2560×1440）、超高清 [(4K)3840×2160]。

当前帧：从影片中渲染当前帧（图 4-6-95），可保存成 BMP、JPG、TGA、PNG 格式的图片。D——保存深度图；N——保存法线图；S——保存高光反射通道；L——保存灯光通道图；A——保存天空 alpha 通道图；M——保存材质 ID 图。图像清晰度为：邮件（1280×720）、桌面（1920×1080）、印刷（3840×2160）、海报（7680×4320）。

图像序列：可将制作完成的视频保存成 BMP、JPG、TGA、DDS、PNG、DIB、PEM 等图片格式，即把视频转化成图像序列。"帧范围"包括"所有帧""关键帧"和"范围"（图 4-6-96）。

该选项对应的选项卡所涉及的其他参数与"整个动画"和"当前帧"选项相同，此处不再赘述。

图 4-6-95　当前帧

图 4-6-96　图像序列

（3）特效编辑窗口　特效编辑窗口与"拍照模式输出"中的特效编辑是相通的。所有可用特效在视频模式下都增加了关键帧功能（图 4-6-97）。所有特效的添加方式及效果已经在拍照模式中讲解，此处不再赘述。

图 4-6-97　添加动画特效

3. 了解全景输出

点击场景右下角"360 全景输出"按钮 ，进入全景输出模式。通过该模式可以进行全景照片、VR 全景等操作。

①全景预览窗口　可通过键盘、鼠标共同配合,以确定场景中摄像机站点、位置和视高(图 4-6-98)。

图 4-6-98　全景图预览

②全景编辑窗口　动画编辑窗口主要用于保存相机视点、渲染 360° 全景 VR 图像、转到 MyLumion 管理门户等操作。

保存相机视点:与"拍照模式"和"动画模式"操作方式相同,此处不再赘述。

渲染图像:点击"渲染"按钮,进入 VR 全景设置界面,可对"输出品质""立体眼镜""目标设备"和"尺寸"进行设置(图 4-6-99)。

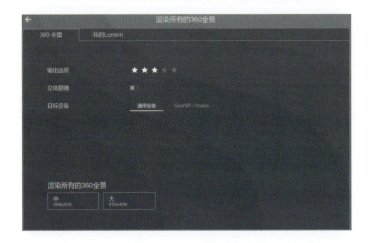

图 4-6-99　全景图输出

【巩固训练】

尝试将 Lumion 11 中模型输出为图片、动画或全景形式。

项目 5

园林场景综合建模

本项目中选取了古典园林和别墅庭院两个常见的园林场景案例,通过对综合场景的分析、建模、优化、渲染,了解从模型到效果图的制作步骤,锻炼学生对基础工具灵活运用的能力,以及对 SketchUp 软件和 Lumion 软件的综合运用能力。

【学习目标】

知识目标:

(1)掌握综合场景的建模流程。
(2)掌握较复杂的园林建筑中涉及的基础工具使用方法。

技能目标:

(1)会对不同尺度的园林场景进行分析并列出任务单。
(2)会灵活选用基础建模工具。
(3)能够熟练掌握 SketchUp 各工具的使用方法和步骤。
(4)能够掌握 SketchUp 常用插件的使用方法和步骤。
(5)能够将 SketchUp 软件与 Lumion 软件相结合进行渲染。

素质目标:

(1)通过建模任务的分析、实施、优化等,培养独立分析和解决实际问题的能力。
(2)以小组合作的形式,培养学生团队意识和合作精神。

任务 5-1　营造古典园林场景

【工作任务】

中国造园艺术历史悠久，源远流长，从周朝至明清时期，古典园林的营造从粗陋发展到精巧，由不成熟趋于成熟。中国传统园林以再现自然山水为特征，结合山、水、花木、建筑四大园林要素，凸显"源于自然，高于自然"的设计理念，在有限空间内达到人工与自然的高度协调。

本次任务要求参照 CAD 图纸建造一处古典园林场景，其中包括水榭、廊、水体、花坛等，并通过渲染完成效果图的制作，如图 5-1-1 所示。

图 5-1-1　古典园林场景效果图

【任务分解】

序号	实施步骤	相关工具/命令
1	整理创建底面	标记线头插件、直线
2	创建水体	群组与组件、推/拉、材质
3	创建道路	推/拉、直线、手绘线、智能倒角插件
4	创建微地形	沙盒、柔化边线、材质
5	制作水榭	Z轴归零插件、矩形、偏移、移动、路径跟随、模型交错、线转圆柱插件、旋转复制、起泡泡插件、曲面焊接插件、对象切割插件、拉线成面插件
6	制作其他构件	移动复制、推/拉、缩放
7	Lumion 编辑材质	调整高度、材质编辑器
8	添加配景	添加配景、修改配景尺寸和方向
9	静帧出图	添加特效、渲染照片

【任务实施】

1. 整理创建底面

①使用 CAD 参照图片绘制古典园林平面图,将文件存为"古典园林.dwg"。

②在 CAD 中命令提示行中输入"change",根据提示选择所有图形,输入"特性(P)"→"标高(E)",将标高特性修改为0,完成图形 Z 轴归零。

③启动 SketchUp,执行"文件→导入"命令,在弹出的对话框中选择"古典园林.dwg",注意导入时设置文件的类型和单位与 CAD 图纸保持一致。

④添加"标记线头"插件标注断头线,如图 5-1-2 显示了带有引线和文本的断头线标注,使用"直线"工具补齐断头线,完成场景的封面操作。

⑤选中全部底面部分,将其创建为群组(图 5-1-3)。

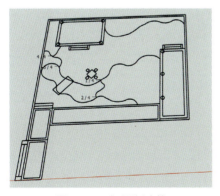

图 5-1-2 标记断头线

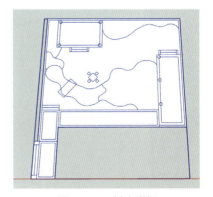

图 5-1-3 创建群组

> **小贴士：**
> "标记线头"插件主要用于标记、选择、删除或显示图形中所有未闭合线段的线头，可以用于检查整理导入的 CAD 图纸。

2. 创建水体

①选中桥部分将其复制后，退出底座群组，使用"编辑"→"定点粘贴"，将其粘贴到组外后单独创建为群组，使用"推 / 拉"工具将水池推拉至低于硬质铺装 200mm 及 300mm，形成层层跌落的效果（图 5-1-4）。

②为了避免后期使用 Lumion 渲染过程中造成水面浮于河岸的不真实感，可以在创建水面的同时在其下方绘制水底地面，按住 Ctrl 键同时使用"推 / 拉"工具向上复制推拉水面（图 5-1-5）。

③使用"材质"工具分别给水底和水面添加卵石和半透明蓝色材质（图 5-1-6），后续会对水体材质做进一步处理。

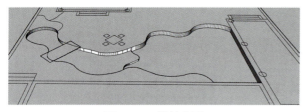

图 5-1-4　推拉水面　　　　　　图 5-1-5　复制推拉水面

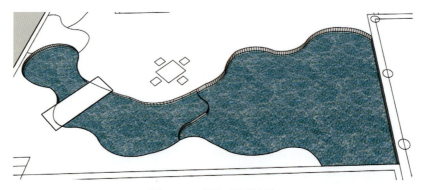

图 5-1-6　添加水面材质

3. 创建道路

①使用"推 / 拉"工具对平台的台阶按照每一级 150mm 进行推拉（图 5-1-7）。

②使用"推 / 拉"工具和"直线"工具沿台阶侧面绘制梯形阶沿石（图 5-1-8）。

③由于场地内台阶较多，为了避免过于单调，使用"擦除"工具将主要道路左侧

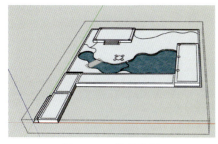
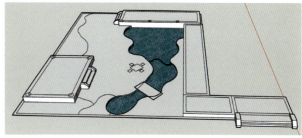

图 5-1-7　推拉台阶　　　　　　　图 5-1-8　绘制阶沿石

台阶擦除，使用"手绘线"工具绘制不规则石块，将其创建为群组。为了使其更圆滑，使用"智能倒角"插件对石块边缘进行 10mm 倒圆角，并将其放置到对应位置（图 5-1-9）。

④使用"材质"工具给道路和硬质铺装区域添加材质（图 5-1-10）。

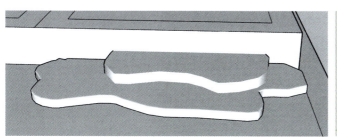
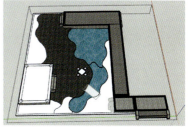

图 5-1-9　绘制石块台阶　　　　　　　图 5-1-10　添加材质

小贴士：

"智能倒角"插件能沿着模型的边角进行倒角、倒边，有以下几种模式：圆角、直边、斜角和细分网格，另外还包括一个修复工具，用于撤消任何生成的形状。

4. 创建微地形

①选中花坛部分复制后退出群组，使用"编辑"→"定点粘贴"将其粘贴到组件外后创建为群组，使用"沙盒"→"根据网格创建"绘制网格，使用"擦除"工具擦除多余网格（图 5-1-11）。

②使用"沙盒"→"曲面起伏"推拉出微地形起伏，使用"柔化边线"工具柔化曲面（图 5-1-12）。

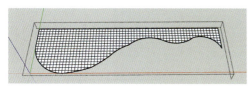
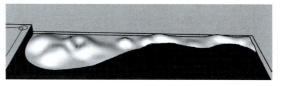

图 5-1-11　绘制网格　　　　　　　图 5-1-12　曲面起伏

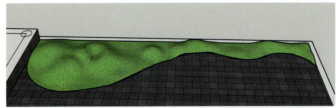
图 5-1-13　添加材质

图 5-1-14　完成所有微地形

③使用"材质"工具给花坛添加草皮材质（图 5-1-13）。重复上述操作，完成所有草坪部分的微地形（图 5-1-14）。

5. 制作水榭

（1）整理 CAD 文件

①在开始建模之前，需要对 CAD 文件进行清理和简化。双击打开 CAD 软件，打开"水榭.dwg"文件，关闭所有标注、索引、图案填充图层（图 5-1-15）。

②在"水榭立面"图中，将水榭正立面左右两侧爬山廊删除，补全侧立面中间打断的线（图 5-1-16）。

③选中剩下图形，将其放置到同一图层下，使用"图层清理"命令，清除未使用的图层，将文件另存为"水榭整理.dwg"（图 5-1-17）。

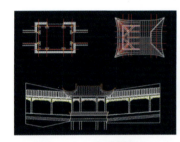
图 5-1-15　清理图层

图 5-1-16　补全立面

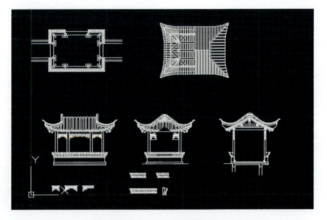
图 5-1-17　清理图层

（2）创建基础

①打开 SketchUp 软件，单击"文件"→"导入"→"二维图像"，选中"水榭整理 .dwg"文件后导入，注意导入时的单位（图 5-1-18）。

②导入底图时除了采用在 CAD 中统一标高的方法，也可以先导入 SketchUp 再利用插件统一。由于导入后的 DWG 文件有部分线条不在同一高度，可添加"Z 轴归零"插件，将所有线条统一到同一高度（图 5-1-19）。

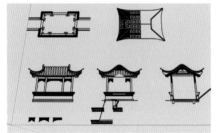 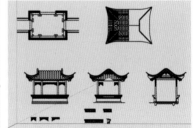

图 5-1-18　导入水榭图纸　　　　　图 5-1-19　统一标高

小贴士：

"Z 轴归零"插件主要用于解决 CAD 图纸导入 SketchUp 之后线不共面的问题。使用后，所有线条都会处于与坐标原点相同高度的同一水平面内，可穿透组。

③将每个图块单独创建为群组，使用"旋转"工具将水榭立面沿红轴旋转 90°，使用"移动"工具将其移动到平面对应位置。注意平面轴线与立面柱中线对齐，将对齐后的立面沿绿轴向外水平移动 2000mm（图 5-1-20）。

④使用"旋转"工具将水榭剖面沿红轴旋转 90° 后再沿绿轴旋转 90°，使用"移动"工具将其移动到平面对应位置。注意平面轴线与剖面柱中线对齐，将对齐后的剖面沿红轴向外水平移动 2000mm（图 5-1-21）。

⑤使用"矩形"工具沿平面图铺装边缘绘制长方形平面，使用"偏移"工具向外偏移 300mm 至基础边缘（图 5-1-22）。

图 5-1-20　拼合立面　　　图 5-1-21　拼合剖面　　　图 5-1-22　绘制平面

⑥使用"材质"工具分别给铺装部分和外围收边部分添加青砖材质和花岗石材质（图 5-1-23）。

⑦使用"推/拉"工具将地面向上推拉 300mm，做出基础厚度，将平面图向上移动 300mm 至与地面平齐（图 5-1-24）。

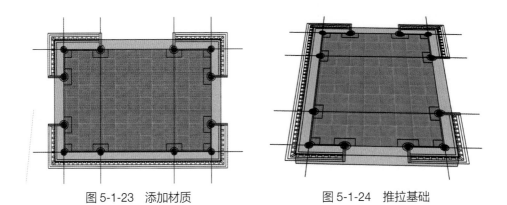

图 5-1-23　添加材质　　　　　图 5-1-24　推拉基础

（3）创建柱子

①双击进入剖面群组，选中柱墩部分后复制，退出群组后选择"编辑"→"定点粘贴"将其粘贴到组外。使用"圆弧"工具沿底部中心绘制半径为 100mm 的圆，使用"路径跟随"命令完成底部柱墩，使用"柔化边线"将曲面边线柔化，并将其创建为群组（图 5-1-25）。

②使用"圆"工具以顶面圆形中心为圆心绘制半径为 90mm 的圆，并将其推拉一定高度，将柱子和柱墩选中，创建为组件（图 5-1-26）。

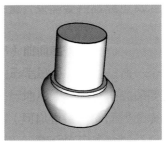

图 5-1-25　制作柱墩　　　　　图 5-1-26　制作柱子

③使用"移动"工具将柱子移动到平面上，注意柱中心分别与两条轴线对齐，使用"推/拉"工具拾取剖面中柱高度进行推拉（图 5-1-27）。

④使用"材质"工具给柱子和柱墩分别添加深红色和花岗石材质（图 5-1-28）。

⑤使用"移动复制"命令，捕捉轴线对柱子进行移动复制，完成边角 3 根柱子，使用"镜像"插件将边角的 3 根柱子镜像至 4 个角，将所有柱子创建为群组，完成平面柱子（图 5-1-29）。

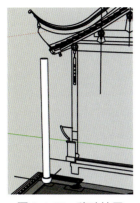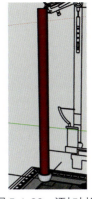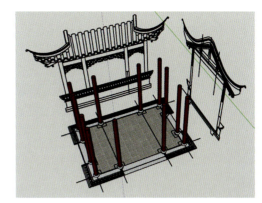

图 5-1-27 移动柱子　　图 5-1-28 添加材质　　图 5-1-29 完成柱子

（4）创建梁架结构

①使用"直线"工具连接两端柱子顶部中线，使用"线转圆柱"插件，设定圆柱截面直径为200mm，材质选择与柱子相同的深红色，使用"推/拉"工具将梁两端分别向外推拉210mm，完成进深方向梁（图5-1-30）。

②选中梁群组，使用"旋转复制"命令，将其水平旋转90°，使用"移动"工具捕捉轴线，将其移动到开间柱子之上，使用"推/拉"工具使得梁超出柱子边缘120mm，完成开间方向桁条（檐桁）（图5-1-31）。

③使用"镜像"插件将两个方向的木构件镜像后完成最下层框架（图5-1-32）。

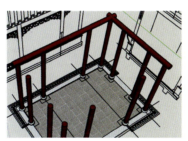

图 5-1-30 绘制进深方向梁　　图 5-1-31 绘制桁条（檐桁）　　图 5-1-32 完成底部框架

④将屋架平面移动到梁架现有位置，将平面隐藏，便于后续操作（图5-1-33）。

⑤使用"直线"工具沿两侧搭角梁中线绘制，使用"线转圆柱"插件设定圆柱截面直径为160mm，材质选择与柱子相同的深红色（图5-1-34）。

⑥将搭角梁沿蓝轴移动到剖面对应位置，使用"推/拉"工具将搭角梁两端推拉至梁中心位置（图5-1-35）。

⑦使用"直线"工具沿剖面中童柱中线描画，使用"线转圆柱"插件设定圆柱截面直径为160mm，材质选择与柱子相同的深红色，使用"推/拉"工具将其拆分为不同部分分别进行沿中心缩放，创建为组件，完成童柱（金童）的制作（图5-1-36）。

⑧使用"擦除"工具柔化童柱上的线，使用"移动"工具以屋架平面中童柱位置

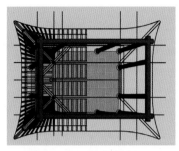

图 5-1-33　移动屋架平面　　　　图 5-1-34　绘制搭角梁

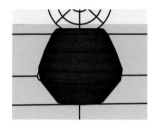

图 5-1-35　放置搭角梁　　　　图 5-1-36　绘制童柱（金童）

为参照，将童柱移动到搭角梁上，使用"镜像"插件完成另一侧搭角梁上的童柱（图 5-1-37）。

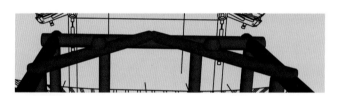

图 5-1-37　放置童柱（金童）

⑨使用"直线"工具沿童柱上梁（山界梁）中线描绘，使用"线转圆柱"插件设定圆柱截面直径为 150mm，材质选择与柱子相同的深红色，以剖面为参考将其沿蓝轴移动到童柱上对应位置，参照剖面中梁的长度使用"推/拉"工具对其进行推拉，使用"缩放"工具对童柱进行微调，使其与梁相交（图 5-1-38）。

图 5-1-38　绘制梁（山界梁）

⑩使用"旋转复制"命令将梁沿水平方向旋转 90°，使用"推/拉"工具将其一侧推拉至平面中点位置，完成桁条（金桁）制作（图 5-1-39）。

图 5-1-39　绘制桁条（金桁）　　图 5-1-40　镜像操作　　图 5-1-41　完成童柱、桁条

⑪使用"镜像"插件完成另一侧的桁条（金桁）（图 5-1-40）。

⑫参照上述操作完成顶部童柱（脊童）和桁条（脊桁）的搭建（图 5-1-41）。

⑬将搭角梁及以上构件创建为组件后使用"镜像"插件完成另一侧的梁架，并将上部整体梁架创建为组件（图 5-1-42）。

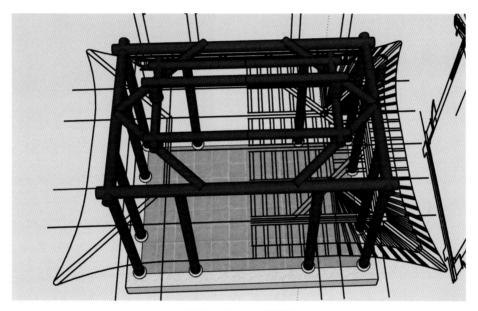

图 5-1-42　完成梁架

（5）创建出檐椽

①使用"直线"工具在剖面中沿出檐椽下边线绘制，使用"偏移"工具将下边线向上偏移 50mm，选中边缘线将其创建为组件，双击进入组件，使用"直线"工具连接两边线，完成出檐椽轮廓（图 5-1-43）。

②使用"推/拉"工具将出檐椽截面推拉 70mm 厚度，使用"材质"工具给出檐椽添加深红色材质，并将其移动到梁架对应位置（图 5-1-44）。

③使用"移动复制"命令，间距为 220mm，将出檐椽移动复制 15 次，整体创建为群组（图 5-1-45）。

④使用"直线"工具沿进深方向绘制檐椽轮廓，使用"线转方柱"插件创建 50mm×70mm 的方柱，将其拆分为两段，并添加深红色材质（图 5-1-46）。

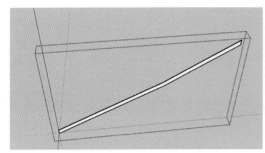
图 5-1-43　绘制出檐椽轮廓

图 5-1-44　放置出檐椽

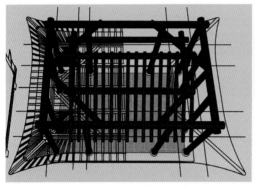
图 5-1-45　移动复制出檐椽

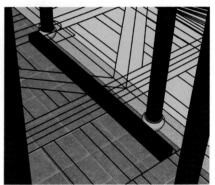
图 5-1-46　绘制进深方向出檐椽

⑤使用"移动"工具分别对出檐椽上半部及顶部截面进行沿蓝轴的移动，使其与梁架结构契合，完成出檐椽形状（图 5-1-47）。

⑥使用"移动复制"命令将进深方向出檐椽向右移动 270mm 后，以间距 220mm 移动复制 3 次，左侧向左间距 220mm 移动复制 3 次（图 5-1-48）。

⑦使用"直线"工具沿转角摔网椽中线绘制摔网椽，将放射状线创建为组件，便于后续操作。半边放射线绘制完成后，使用"直线"工具沿着梁中绘制水平线，将所有放射线打断，选中打断的放射线，使用"线转方柱"→"节点断开"形成转角摔网椽的基本形状（图 5-1-49）。

图 5-1-47　放置进深方向出檐椽

图 5-1-48　移动复制

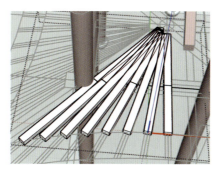

图 5-1-49　绘制摔网椽

⑧将转角摔网椽沿竖直方向移动到与刚创建的出檐椽同一高度（图 5-1-50）。将每一根摔网椽前立脚飞椽分段沿蓝轴移动，使其形状与梁架契合（图 5-1-51）。

 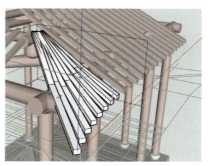

图 5-1-50　移动放置摔网椽　　　　图 5-1-51　移动立脚飞椽

小贴士：

在进行移动操作时，在移动的同时按住方向键，即可将移动方向锁定，保证物体仅沿着某一方向移动；上方向键——仅沿蓝轴移动；右方向键——仅沿红轴移动；左方向键——仅沿绿轴移动。

⑨使用"材质"工具将转角摔网椽添加深红色，使用"镜像"插件沿着对角斜线将半边摔网椽镜像，形成完整转角摔网椽，并将其创建为组件（图 5-1-52）。

⑩使用"镜像"插件将转角摔网椽和中间出檐椽分别进行镜像，将所有椽子统一创建为组件，完成屋面椽子创建（图 5-1-53）。

（6）创建戗角

①导入戗角 CAD 线稿，使用"卷尺"工具将圆形直径缩放到 190mm（图 5-1-54）。

②删除圆形部分，使用"推/拉"工具将老戗推拉至 120mm 厚，将嫩戗推拉至 100mm 厚，将千斤销推拉至 80mm 后分别创建为组件，使用"移动"工具将嫩戗、千

图 5-1-52 添加材质　　　　　图 5-1-53 镜像操作

斗销与老戗中心对齐（图 5-1-55）。

③使用"柔化边线"工具对戗角边线进行柔化，使用"材质"工具给其添加深红色材质（图 5-1-56）。

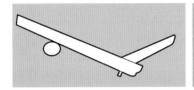 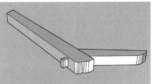 

图 5-1-54 缩放戗角　　　图 5-1-55 推拉戗角厚度　　　图 5-1-56 添加材质

④使用"旋转"工具将戗角结构旋转成竖直方向，对照屋架平面将戗角进行旋转及移动（图 5-1-57）。

⑤选中戗角复制后删除，双击进入转角摔网椽组件，选择"编辑"→"定点粘贴"将戗角粘贴到摔网椽组件中（图 5-1-58）。

 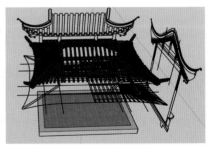

图 5-1-57 放置戗角　　　　　图 5-1-58 粘贴到摔网椽组件中

（7）创建连机、夹堂板、枋子

①显示隐藏的构件，沿着平面柱中线绘制辅助线，使用"线转方柱"绘制 60mm×80mm 的连机（图 5-1-59）。

②参照剖面对应位置将连机向上移动，使用"推/拉"工具将连机拉伸至撑满柱间，使用"材质"工具给连机添加深红色材质（图 5-1-60）。

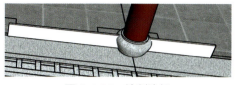 

图 5-1-59　绘制连机　　　　　　　　　图 5-1-60　添加材质

③重复上述操作，绘制 15mm×120mm 的夹堂板和 80mm×200mm 的枋子，并移动到连机下（图 5-1-61）。

图 5-1-61　绘制夹堂板、枋子

④将连机、夹堂板和枋子旋转复制为进深方向，将中线与平面柱中线对齐，使用"拉伸"工具对进深方向的连机、夹堂板和枋子进行拉伸（图 5-1-62）。

图 5-1-62　制作进深方向构件

⑤使用"镜像"插件将戗角构件镜像复制到其他两面（图 5-1-63）。

图 5-1-63　镜像戗角

（8）创建屋面

①使用"直线"工具沿出檐椽上边缘描绘辅助线，使用"焊接线条"插件将线段焊接，将焊接后的线段创建为组件，使用"偏移"工具将线段向上偏移50mm，形成飞椽层（图5-1-64）。

②使用"直线"工具连接两段线段，使用"推/拉"工具参照立面推拉飞椽层中间平整部分（图5-1-65）。

③使用"直线"工具沿望板上边缘描绘辅助线并向外延长少许，使用"焊接线条插件"将线段焊接，将焊接后的线段创建为组件。使用"偏移"工具将线段向上偏移30mm，绘制望砖（图5-1-66）。

  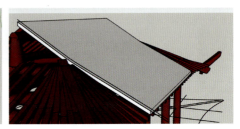

图5-1-64　绘制飞椽层　　　图5-1-65　推拉飞椽层　　　图5-1-66　绘制望砖

④使用"直线"工具连接两段线段，使用"推/拉"工具参照立面推拉望砖中间平整部分。切换到平行投影，根据屋架平面轮廓拉伸（图5-1-67）。重复上述操作，完成进深方向的飞椽层和望板（图5-1-68）。

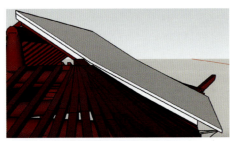 

图5-1-67　推拉望砖　　　　　　图5-1-68　绘制飞椽层和望板

⑤双击进入立面群组，选中翘角部分后复制，退出群组后选择"编辑"→"原位粘贴"，将翘角部分多余线条删除，仅保留底部曲线后创建为组件，将曲线向上偏移150mm预留瓦口板的宽度（图5-1-69）。

⑥将曲线沿着绿轴移动到屋顶对应位置，切换到顶视图，双击进入曲线组件，使用"移动"工具沿绿轴分段移动至曲线顶点，使其与屋架平面翘角轮廓契合（图5-1-70）。

⑦将屋角曲线移动到望板边缘，使用"直线"工具沿转角戗角中线描线，使用"拉线成面"插件向下生成矩形面，选中立面图中屋面上部翘角曲线，移动到屋角对应位

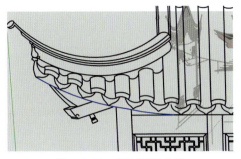

图 5-1-69　复制翘角曲线

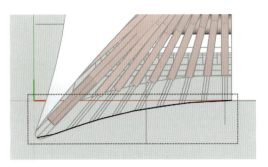

图 5-1-70　拉伸曲线

置后,使用"旋转"工具将其旋转 45°,使用"拉伸"工具将其拉伸至屋架平面对应长度(图 5-1-71)。

⑧使用"直线"工具和"两点圆弧"工具补全线条,并将其创建为组件。进入组件内,使用"起泡泡"插件进行封面(图 5-1-72)。

⑨使用"镜像"插件完成另一侧的屋角,使用"推/拉"工具使飞檐层和屋面翘角一致(图 5-1-73)。使用"镜像"插件完成四面的屋面和翘角(图 5-1-74)。

⑩对翘角部分屋面进行处理,双击进入屋架平面,选中屋角曲线后退出组件,双击进入屋角组件,选择"编辑"→"定点粘贴"将曲线原位复制到屋角组件中(图 5-1-75)。

⑪使用"移动"工具将曲线沿蓝轴移动到屋角上方,选择"平行投影"→"顶视图"观察曲线位置,使用"直线"工具延长曲线至完全覆盖屋角部分(图 5-1-76)。

图 5-1-71　拉线成面

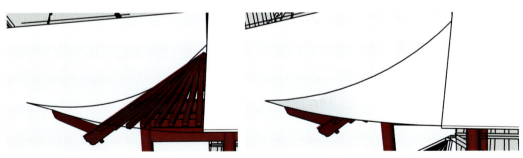

图 5-1-72　制作曲面

图 5-1-73　镜像转角屋面

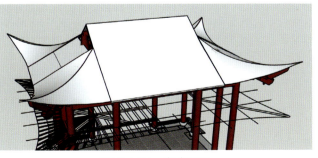

图 5-1-74　完成屋面

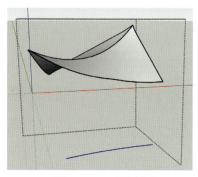
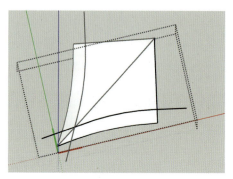

图 5-1-75　复制曲线　　　　　　图 5-1-76　延长曲线

⑫ 使用"曲线焊接"插件将曲线进行焊接，使用"沙盒"工具→"曲面投射"将曲线投影到屋角曲面上（图 5-1-77）。

⑬ 使用"超级推拉"→"矢量推拉"将屋面翘角沿蓝轴方向分别推拉 80mm 和 30mm 厚度与中间平整部分平齐（图 5-1-78）。

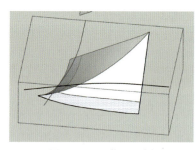

图 5-1-77　曲面投射　　　　　　图 5-1-78　推拉翘角屋面厚度

（9）创建屋脊

① 由于绘制转角处屋面需要利用戗脊处弧度，因此先进行戗脊建模。使用"旋转"工具将进深方向的立面转到竖直方向，并将其移动到进深对应位置（图 5-1-79）。

② 选中顶部左半部分屋脊后复制，退出群组，使用"编辑"→"原位粘贴"将屋脊部分粘贴到组外，将其创建为组件后，删除多余部分（图 5-1-80）。

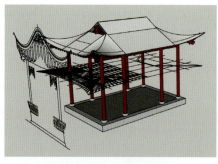
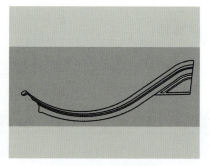

图 5-1-79　放置立面　　　　　　图 5-1-80　复制屋脊

小贴士：

边线：包含多个处理边线的强大工具套装。
查找线头：根据容差值，可自动查找线头。
闭合缺口：根据容差值批量处理线头。
删除废线：一键删除孤立线，以及没有闭合的线段。
简化曲线：可以随意设置简化强度，但不会影响线的连续效果，同时有焊接功能。
分割表面：根据表面不同情况，偏移所选边线来分割表面。
顶点共线：可以整理简化复杂模型的边线顶点，使之共线。

③使用"边线"工具→"封闭缺口"插件将断线延长封闭，使用"生成面域"插件将屋脊面进行封面（图5-1-81）。

④使用"推/拉"工具将立面顶部屋顶构件向两侧分别推拉出不同层次，使用"柔化边线"工具将线条柔化（图5-1-82）。

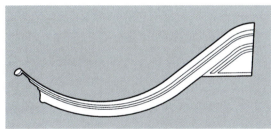 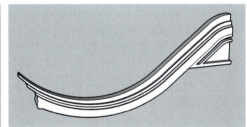

图5-1-81　生成面域　　　　　　　　图5-1-82　推拉层次

⑤将屋顶曲线部分沿红轴移动到屋架平面对应位置，将下部望板、椽子、柱等组件隐藏，便于后续操作（图5-1-83）。

⑥使用"对象切割"插件将屋脊曲线部分切为上半部分垂脊和下半部分戗脊，将两部分分别创建为群组（图5-1-84）。

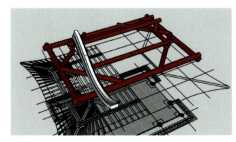 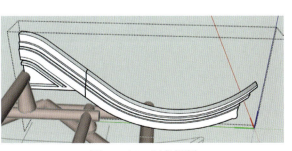

图5-1-83　放置屋脊　　　　　　　　图5-1-84　对象切割

⑦使用"旋转"工具将下半部分戗脊向外侧旋转45°，使用"拉伸"工具将其拉伸至与屋架对应长度（图5-1-85）。

⑧使用"旋转"工具将屋脊上半部分垂脊截面边线拉伸至与下半部分相接，使用"柔化边线"工具柔化截面（图5-1-86）。

⑨使用"镜像"插件完成另一侧的屋角，再次镜像完成所有屋脊。使用"材质"工具给屋脊添加深灰色材质（图5-1-87）。

（10）制作瓦片

①导入已经制作好的瓦片组件，使用"缩放"工具将其缩小至0.9倍，删除多余瓦片部分，使用"旋转"工具对上下部分瓦片角度进行调整。在此过程中可以将戗角、翘角部分隐藏，便于操作（图5-1-88）。

②双击进入瓦片群组，使用"移动复制"命令将其按照间距为300mm移动复制9次，铺完屋面平整部分（图5-1-89）。

③使用"编辑"→"撤销隐藏"→"最

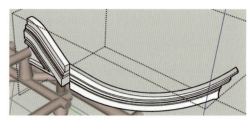

图5-1-85 旋转戗脊

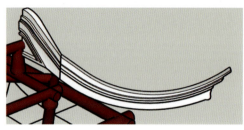

图5-1-86 拉伸边线

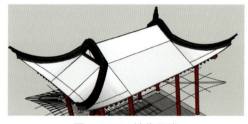

图5-1-87 镜像屋脊

图5-1-88 导入瓦片

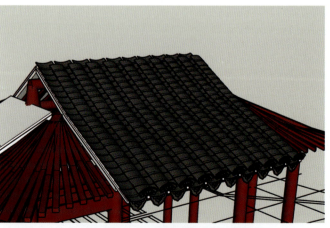

图5-1-89 移动复制瓦片

后"将翘角部分显示出来，双击进入瓦片群组，将瓦片移动复制后设定为唯一，删除多余部分，使用"旋转"工具根据翘角弧度对瓦片进行调整（图5-1-90）。

④依次调整所有瓦片，完成屋面瓦片（图5-1-91）。

 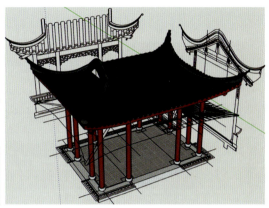

图 5-1-90　调整翘角处瓦片　　　　图 5-1-91　完成屋面瓦片

（11）调整屋面细节

①使用"材质"工具选择望砖材质，右键单击"纹理"→"投影"，吸取材质，给屋角内侧曲面添加相同材质，给顶部添加深灰色材质（图5-1-92）。

②进入出檐椽组件，使用"偏移"工具将截面向内偏移5mm，将其创建为组件，移动到出檐椽上方，使用"推/拉"工具将其拉伸至比顶部稍短，选中前部截面，将其沿蓝轴移动到与顶部角度契合，完成中间飞椽制作（图5-1-93）。

③参照上述方法，完成转角处立脚飞椽制作（图5-1-94）。

图 5-1-92　添加材质　　　　　　　图 5-1-93　制作飞椽

图 5-1-94　制作转角处立脚飞椽

图 5-1-95　制作中部瓦口板

图 5-1-96　细化转角处立脚飞椽

图 5-1-97　细化瓦口板

④选中中间上层屋面下边缘，使用"拉线成面"插件沿蓝轴向下拉伸 150mm，完成中部瓦口板（图 5-1-95）。

⑤选中屋角处上层屋面下边缘，将其复制后原位粘贴到组外，使用"焊接曲线"插件将曲线焊接，使用"拉线成面"插件沿蓝轴拉伸 150mm，并将其粘贴到中间瓦口板组件中（图 5-1-96）。

⑥使用"材质"工具给瓦口板添加深红色材质，使用"超级推拉"插件将瓦口板推拉 5mm 厚度（图 5-1-97）。

（12）创建挂落

①双击进入挂落组件，对挂落进行封面，删除镂空部分，使用"推/拉"工具对芯子和边框分别推拉 25mm 和 30mm，使用"材质"工具给挂落添加深红色材质（图 5-1-98）。

②重复上述操作，完成中间部分挂落，使用"镜像"插件将全部挂落完成。根据图纸，由于删除了爬山廊部分，可将进深方向中间两根柱子删除（图 5-1-99）。

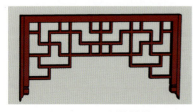

图 5-1-98　制作挂落

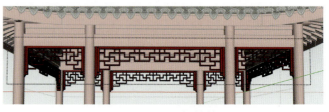

图 5-1-99　添加挂落

（13）创建坐槛、美人靠

①使用"直线"工具在平面上描出坐槛轮廓，将其创建为组件，使用"拉伸"工具将坐槛拉高至 450mm（图 5-1-100）。

②将顶部平面向外偏移 30mm 后创建为组件，将其向上推拉 30mm 创建为坐槛压顶，使用"材质"工具给压顶添加方砖材质（图 5-1-101）。

③使用"智能倒角"插件给坐槛面层进行 5mm 的倒圆角（图 5-1-102）。

④参照美人靠的制作方法，给坐槛添加美人靠，至此完成水榭建模（图 5-1-103）。

⑤将水榭移动复制到园林场景中对应位置（图 5-1-104）。

项目 5 / 园林场景综合建模

图 5-1-100　绘制坐槛

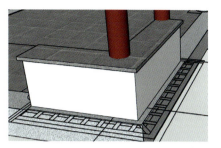

图 5-1-101　制作坐槛面层

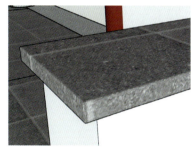

图 5-1-102　倒圆角

图 5-1-103　添加美人靠

图 5-1-104　放置到场景中

6. 制作其他构件

①复制水榭中的柱子，分别移动 1500mm、3600mm、1500mm，将其移动到游廊对应位置（图 5-1-105）。

②复制水榭中的梁架结构、屋面构造后，将其移动到游廊位置，并根据游廊尺寸进行调整（图 5-1-106）。

③将廊背后墙体拉伸至 5000mm，复制长窗至廊中间开间正中位置，将短窗复制至墙面位置（图 5-1-107）。

211

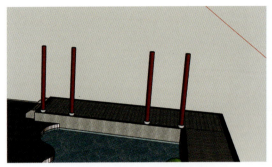

图 5-1-105　放置游廊柱子　　　　　图 5-1-106　复制屋面构件

图 5-1-107　添加长、短窗　　　　　图 5-1-108　添加墙面压顶

④将其余位置墙体拉伸至 3000mm，添加漏窗、压顶组件（图 5-1-108）。

⑤导入石桌椅和桥组件，根据喜好调整整体色调，至此完成模型制作。由于后续会利用 Lumion 进行渲染，因此植物等要素不需要在 SketchUp 中添加（图 5-1-109）。

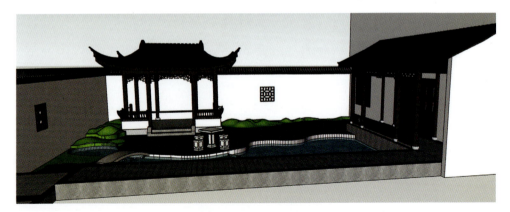

图 5-1-109　完成模型

7. Lumion 编辑材质

①选择"样式"→"编辑"→"平面设置"→"单色"，检查模型的正反面、模型单位，并将其移动至原点附近（图 5-1-110）。

②为了减少文件尺寸，可以对 SketchUp 模型进行清理，选择"窗口"→"模型信息"→"清理未使用项"，由于文件名不能包含中文字符，因此将文件保存为"garden.skp"（图 5-1-111）。

图 5-1-110　检查模型

图 5-1-111　清理模型

小贴士：

　　对于组件的清理，也可以点击"窗口→组件"→"在模型中"，然后选择下拉菜单，点击"清除未使用项"以清除模型中未被使用的组件。当"清除未使用项"选项为灰色时，表示已执行过该操作。清理未使用的材质也可以采用同样的方法。

　　③运行 Lumion 11，导入模型前选择"创新新项目"中的"Creat plain environment"，创建一个新场景（图 5-1-112）。

　　④点击左下角场景编辑器中的"导入新模型"按钮，在弹出的对话框中选择之前已经检查好的"garden.skp"文件。导入时尽量将模型放置在 Lumion 三色轴原点附近，这样有利于后续对模型进行移动和视角的快速切换（图 5-1-113）。

图 5-1-112　创建场景

图 5-1-113　导入模型

⑤导入完成后，将模型插入到场景原点附近，单击"放置"→"调节高度"，将模型向上移动一段距离，保证左右部分露出地平面，同时避免模型地面与 Lumion 地面重合产生闪烁现象（图 5-1-114）。

⑥点击"材质编辑器"后选择模型中木质构件部分，给木构件添加木材质。当需要改变木纹方向时，可以通过双击材质进入材质编辑菜单，点击下方三角展开折叠菜单，在"方向"→"绕 X 轴旋转"中选择角度为 90°，调整木纹方向（图 5-1-115）。

⑦同法给美人靠添加木材质，把美人靠调整为略深的木色。当需要改变材质颜色时，可以通过"着色"选择对应的颜色，从而达到给材质修改颜色的目的（图 5-1-116）。

⑧给道路、水体、草坪等添加材质（图 5-1-117）。

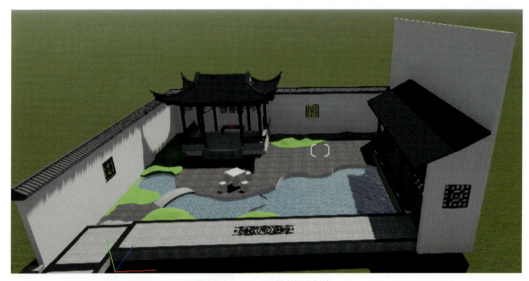

图 5-1-114　调整模型高度

图 5-1-115　添加木材质

图 5-1-116　修改木材质

图 5-1-117　添加其他材质

8. 添加配景

①在古典园林中，水体周围主要以湖石围合，选择"自然"→"物体"→"岩石"，采用"人群安置"模式沿着水池周围画线摆放石头。在进行同类物体摆放时，可以同时添加不同样式的石头，通过调节"项目数""随机方向""线段随机偏移"等参数，避免单一重复（图 5-1-118）。

②在水体尽端单独摆放石笋，调整池边石头方向和大小，使其变化丰富（图 5-1-119）。

③古典园林小空间中的植物以近距离观赏为主，由于视距短、景物少，在选择植物时一般选择形态好、色香俱佳的花木。选择"自然"→"植物"，在水榭左侧放置竹子，右侧放置两棵大乔木，与灌木、草本组合，在桥右侧放置小乔木（图 5-1-120）。

图 5-1-118　添加水边石头

图 5-1-119　添加石笋

小贴士：

古典园林中常用的花木有竹、南天竹、蜡梅、山茶、海棠、芭蕉等。稍大一点的庭院多用玉兰、桂花、紫薇、梧桐、白皮松、罗汉松、鸡爪槭等，枝叶不宜过分繁密。

图 5-1-120　添加植物

图 5-1-121　添加人物、鱼等

④依次添加人物、鱼等配景,完成场景布置(图 5-1-121)。

⑤调整"天气"→"太阳方位/太阳角度"使得场景呈现黄昏效果,产生阴影变化(图 5-1-122)。

⑥对于右侧游廊和水榭中过暗的情况,在水榭和游廊中添加"灯光"→"区域光",将灯光颜色调整为浅黄色(图 5-1-123)。

图 5-1-122　调整天气

图 5-1-123　添加区域光

9. 静帧出图

①点击"拍照模式"。调整视口大小,确定效果图角度,一般将焦距调整为 15~25mm(图 5-1-124)。

②在"特效"中依次添加"2 点透视""阴影""真实天空"等,营造场景氛围(图 5-1-125)。

图 5-1-124　调整效果图视角

图 5-1-125　添加特效

图 5-1-126　渲染图片

③选择"渲染照片",根据需要选择效果图像素(图 5-1-126)。

【巩固训练】

完成园林庭院的模型制作并渲染效果图,如图 5-1-127 所示。

图 5-1-127　园林庭院渲染效果图

序号	实施步骤	相关工具 / 命令
1	整理创建底面	矩形、推 / 拉、路径跟随、原位粘贴、旋转复制
2	制作石板路面	矩形、直线、推 / 拉、旋转
3	制作草坪	矩形、直线、推 / 拉、沙盒
4	制作围栏	直线、圆弧、路径跟随、移动、实体
5	制作门窗	直线、圆弧、路径跟随、移动、实体
6	制作灯柱	推拉、圆、路径跟随、偏移
7	添加配景	调整天空、景观植物
8	Lumion 编辑材质	材质编辑器
9	静帧出图	拍照模式、添加特效

任务 5-2　搭建别墅庭院场景

【工作任务】

通过本次任务，要求熟练掌握别墅庭院台阶、建筑立柱、花坛、露台、庭院围栏等的建模基本流程和方法。本任务需使用"旋转复制""移动复制""偏移""材质""路径跟随"等工具或命令进行建模。

【任务分解】

序号	实施步骤	相关工具/命令
1	简化 CAD 图纸	隐藏图层、清理无用图层、新建图纸
2	绘制别墅主体轮廓	清理图层、移动、旋转、直线、推/拉
3	制作建筑立柱	矩形、推/拉、路径跟随、原位粘贴、旋转复制
4	制作花池	偏移、推/拉、直线、圆弧、路径跟随
5	制作露台	直线、圆弧、移动复制、推/拉、旋转
6	制作拱形门窗	直线、圆弧、路径跟随、推/拉、移动
7	制作屋顶	直线、圆弧、路径跟随、移动、实体工具
8	细化建筑细节	移动、路径跟随、移动复制、旋转
9	制作亲水平台、花坛	推/拉、移动复制、圆、路径跟随、偏移、圆弧、直线
10	制作庭院围栏	矩形、推/拉、移动复制、偏移、直线
11	整理模型	模型信息、风格
12	渲染环境	调整高度、天气、景观草
13	编辑材质	调整草地、铺装、水、金属、玻璃、别墅墙面、庭院景观石
14	添加配景	放置植物、人物、动物
15	静帧出图	拍照模式、添加特效

【任务实施】

1. 简化 CAD 图纸

①运行 AutoCAD，点击"文件"→"打开"，找到所需的图纸文件，点击"打开"按钮（图 5-2-1）。

②选择图纸中的尺寸标注、文字注释、纹理填充、轴线等内容，并对相应的图层进行隐藏（图 5-2-2）。

③在 AutoCAD 页面下方的命令行输入"PU",点击回车键,打开"清理"对话框,点击"全部清理"按钮,弹出"确认清理"对话框(图 5-2-3)。

④点击"清除所有选中项",清理全部无用图层。等待一段时间后清理对话框中的"全部清理"按钮会变成灰色,表示完成了对 CAD 图纸中无用图块的清理工作(图 5-2-4)。

⑤框选所有相关平面、立面图形,按下 Ctrl+C 组合键进行复制,按下 Ctrl+N 组合键新建 CAD 图纸,并选择默认文件,点击"打开"(图 5-2-5)。

图 5-2-1　打开 CAD 图纸文件　　　　　　　　图 5-2-2　隐藏相应图层

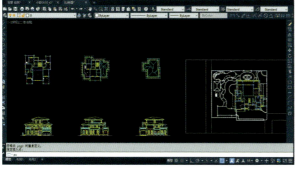

图 5-2-3　输入"PU"命令　　　　　　　　图 5-2-4　清除无用图层

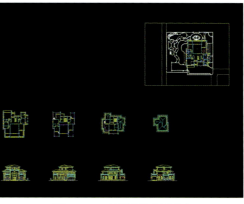

图 5-2-5　新建 CAD 图纸　　　　　　　　图 5-2-6　粘贴复制的图形

⑥进入新建的空白图纸，按下 Ctrl+V 组合键粘贴刚刚复制的图形（图 5-2-6）。

⑦按下 Ctrl+S 组合键弹出"图形另存为"对话框，输入对应名称后单击"保存"按钮。

2. 绘制别墅主体轮廓

（1）导入 CAD 图纸

①运行 SketchUp 软件，执行"窗口"→"模型信息"命令（图 5-2-7）。

②在弹出的"模型信息"对话框中选择"单位"选项，设置单位参数，将"格式"改成"十进制"，"长度"改为"毫米"，勾选"启用长度捕捉""显示单位格式"和"启用角度捕捉"（图 5-2-8）。

图 5-2-7　找到模型信息　　　　　图 5-2-8　进行单位设置

③执行"文件"→"导入"命令，选择需要导入的 CAD 文件，在弹出的"导入 AutoCAD DWG/DXF 选项"对话框中设置导入选项参数（图 5-2-9）。

④调整好导入选项参数后，单击"好"，再单击"导入"按钮，完成图纸导入（图 5-2-10）。

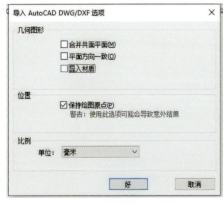
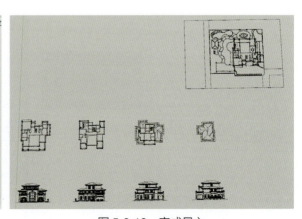

图 5-2-9　设置导入参数　　　　　图 5-2-10　完成导入

⑤双击图形进入群组,对每个平面图和立面图进行单独创建群组。框选其中一个平面图,选中后创建群组(快捷键G)(图5-2-11)。使用相同的方法,将剩余的平面图和立面图都单独创建成群组。

⑥按ESC键退出群组。选中外围的群组右键单击,在弹出的快捷菜单中选择"炸开模型",即可将整组变成单个群组(图5-2-12)。

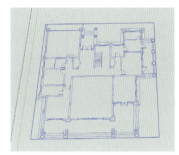 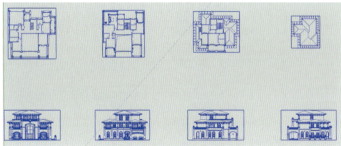

图5-2-11 创建群组　　　　　　　　图5-2-12 变成独立群组

(2)调整图层和位置

①在默认面板中找到"标记",点开"标记"的下拉菜单,可以看到图层对话框中有许多导入CAD图形时附带的图层,需要对不需要的图层进行清除。选择除"未标记"之外的所有图层,右键单击,在弹出的快捷菜单中点击"删除标记"(图5-2-13)。

②系统弹出"删除包含图元的标记"对话框,在对话框中选择"分配另一个标记"→"未标记"选项,点击"好",完成图层的清理工作(图5-2-14)。

③单击"添加标记"按钮⊕,根据场景图纸建立各图层(图5-2-15)。

④选择"一层平面图"群组,在默认面板中找到"图元信息",点开下拉菜单,显示此群组在"未标记"图层,点击"未标记"下拉菜单,选择"一层平面图"(图5-2-16)。

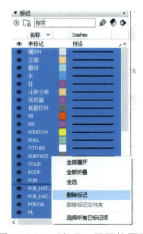 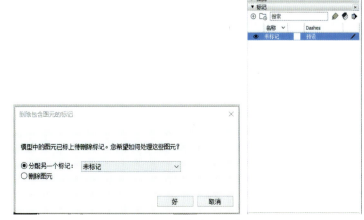

图5-2-13 清理不需要的图层　　　　图5-2-14 完成图层清理

图 5-2-15　新建图层　　　　图 5-2-16　将平面图放到相应的图层

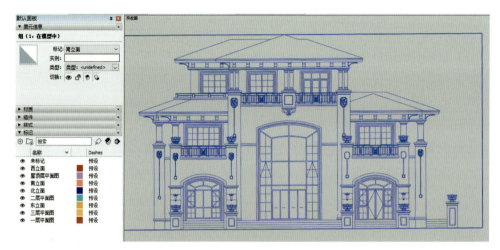

图 5-2-17　将平面图、立面图放到相应的图层

⑤采用相同方法，将其他平面图和立面图放置到相应的图层中（图 5-2-17）。

（3）调整图纸位置

①选中所有建筑立面图纸，启用"旋转"工具（快捷键 Q）将立面图旋转为竖直方向（图 5-2-18）。

图 5-2-18　旋转立面图纸

②选择南立面图,启用"移动"工具(快捷键 M),选择南立面图左侧石墩角点,使其与平面图角点对齐(图 5-2-19)。

③通过相同的方法将其他的平面图和立面图放置到相应位置,完成后效果(图 5-2-20)。

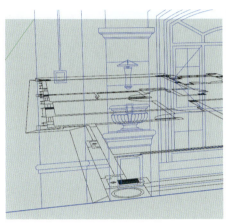

图 5-2-19　将立面图与平面图对应

图 5-2-20　所有立面图与平面图对应

(4)制作建筑轮廓

①将除了"一层平面图"之外的其他图纸内容进行隐藏,启用"直线"工具(快捷键 L),参照一层平面图描出建筑轮廓,绘制一层平面(图 5-2-21)。

②显示南立面图,使用"推/拉"工具(快捷键 P)参照立面图的高度推拉出建筑二层的高度(图 5-2-22)。

③使用相同的方法,描出二层轮廓和三层轮廓(图 5-2-23)。三击鼠标左键,将推拉的体块创建为群组。

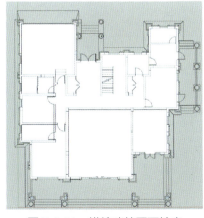

图 5-2-21　描绘建筑平面轮廓

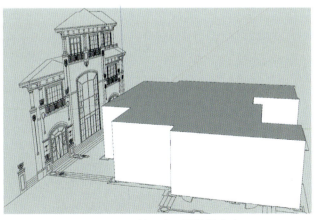

图 5-2-22　按照立面图推拉高度

图 5-2-23　将推拉的体块创建群组

（5）制作台阶

①关闭不需要的标记图层，参考图纸，结合使用"直线"工具描绘台阶与平台的形状（图 5-2-24）。

②启用"直线"工具，参考图纸分割出平台与台阶台面（图 5-2-25）。

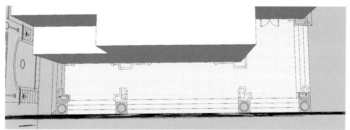

图 5-2-24　描绘台阶轮廓　　　　　图 5-2-25　分割台面

③使用"推/拉"工具，捕捉南立面图纸逐步推拉出台面的高度，完成后创建群组（图 5-2-26）。

④将台阶边上的斜坡创建成组件（快捷键 Ctrl+G），并双击组件进入，用"推/拉"工具推拉出斜坡高度（图 5-2-27）。

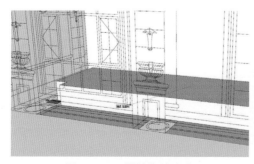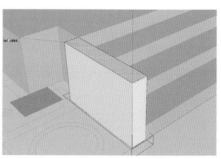

图 5-2-26　推拉台阶高度　　　　　图 5-2-27　推拉斜坡高度

⑤选中右侧线段，使用"移动"工具（快捷键 M）捕捉第一节台阶的台面来调整斜坡坡面（图 5-2-28）。

⑥退出组件，选择创建好的斜坡，使用"复制"命令（快捷键 Ctrl+M），按照图纸进行斜坡的复制（图 5-2-29）。

⑦双击台阶与斜坡的群组，进入组内编辑，赋予相应材质（图 5-2-30）。

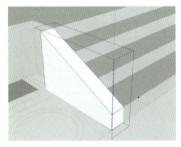
图 5-2-28　调整斜坡坡度

图 5-2-29　复制斜坡

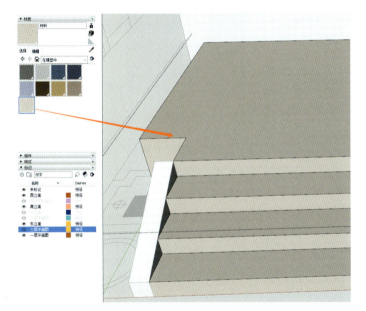
图 5-2-30　赋予材质

3. 制作建筑立柱

①参考图纸，结合使用"矩形"工具（快捷键 R）与"推/拉"工具制作立柱底座轮廓（图 5-2-31）。

②参考立柱的立面图，使用"直线"工具描绘出角线截面（图 5-2-32）。

③选择路径和制作好的角线截面创建群组（图 5-2-33）。

④双击群组进入组内编辑，选择路径后使用"路径跟随"工具（快捷键 J），再选择制作好的角线截面造型，完成后对其赋予材质，完成效果如图 5-2-34 所示。

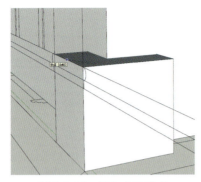

图 5-2-31　制作立柱底座

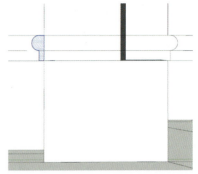

图 5-2-32　描绘底座角线轮廓

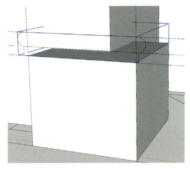

图 5-2-33　创建群组

图 5-2-34　放样角线截面

⑤参考图纸,激活"推/拉"工具后,按 Ctrl 键切换创建新的起始面,将立柱继续向上推拉,完成后对其赋予相应材质(图 5-2-35)。

⑥参考立柱的立面图,使用"直线"工具描绘出立柱上方的角线截面(图 5-2-36)。

⑦选择路径和制作好的角线截面创建群组(图 5-2-37)。

⑧双击群组进入组内编辑,选择路径后使用"路径跟随"工具,再选择制作好的角线截面造型,完成后对其赋予材质,效果如图 5-2-38 所示。

图 5-2-35　推拉立柱高度并赋予材质

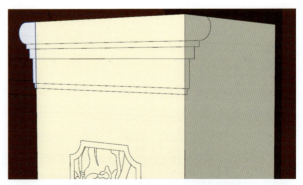

图 5-2-36　描绘立柱上方角线轮廓

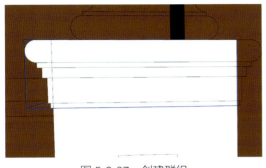
图 5-2-37 创建群组

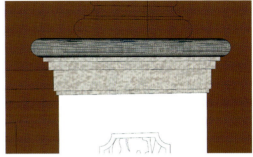
图 5-2-38 放样角线截面

⑨选择创建好的柱头造型,右键单击,在弹出的菜单栏中选择"柔化/平滑边线"(图 5-2-39)。

⑩三击选中整个柱体,按 Ctrl 键加选柱体的两个角线造型,对它们创建组件(快捷键 Ctrl+G)(图 5-2-40)。

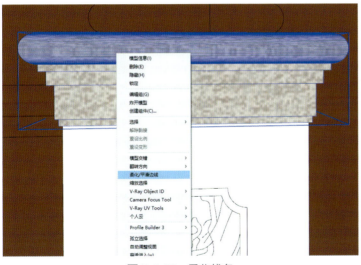

图 5-2-39 柔化线条

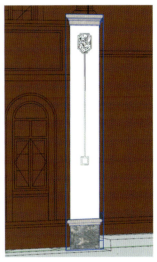

图 5-2-40 将整个立柱创建组件

⑪双击立面图进入组内,选中立柱上的浮雕造型线条,按 Ctrl+C 键进行复制(图 5-2-41)。

⑫按 ESC 键退出群组,使用"原位粘贴"(快捷键 Shift+V)在柱体上粘贴出浮雕造型线条(图 5-2-42)。

⑬使用"直线"工具对浮雕造型进行封面处理,再对其进行推拉并赋予相应材质,完成效果如图 5-2-43 所示。

⑭选中浮雕造型,使用"剪切"(快捷键 Ctrl+X),双击柱体群组进入组内,使用"原位粘贴"命令将浮雕造型粘贴到组内(图 5-2-44)。

图 5-2-41　复制浮雕　　　　图 5-2-42　原位粘贴浮雕线条　　　　图 5-2-43　推拉浮雕

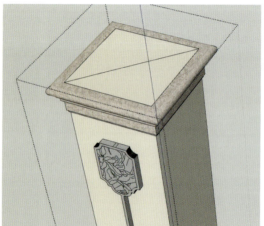
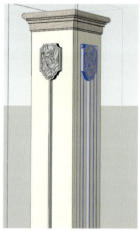

图 5-2-44　将浮雕造型粘贴进组内　　　　图 5-2-45　作辅助线　　　　图 5-2-46　旋转复制

⑮使用"隐藏剩余模型"命令（快捷键 Shift+H），再激活"直线"工具找到柱顶的对角线，用直线进行连接（图 5-2-45）。

⑯选择浮雕造型，使用"旋转复制"命令（快捷键 Ctrl+Q）找到对角线的中点对浮雕造型进行旋转复制（图 5-2-46）。

⑰用"直线"工具测量出小圆柱的底座半径（图 5-2-47）。

⑱使用"隐藏模型"命令（快捷键 H）激活"圆"工具，画出小圆柱的底座路径（图 5-2-48）。

⑲双击 CAD 群组，进入组内沿着柱体中点连线（图 5-2-49）。框选左半边面域，按 Ctrl+C 组合键进行复制。

⑳按 ESC 键退出群组，按 Shift+V 组合键将刚刚复制的面进行原位粘贴（图 5-2-50）。

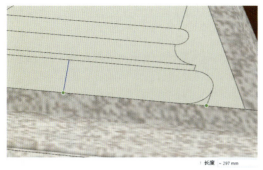
图 5-2-47　测量底座半径

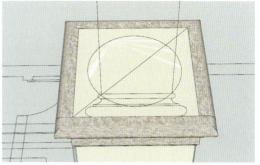
图 5-2-48　绘制底座路径

图 5-2-49　复制旋转截面

图 5-2-50　原位粘贴截面

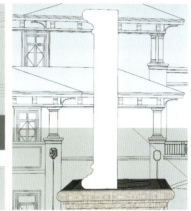
图 5-2-51　删除不需要的线条

㉑隐藏南立面图，将刚刚复制好的面中不需要的线条删除（快捷键E）（图5-2-51）。

㉒双击柱形截面，激活"移动"工具，将柱形截面右下角角点与圆形路径的中心对齐（图5-2-52）。

㉓选择圆形路径后使用"路径跟随"工具，再选择制作好的柱体截面，完成后对其赋予材质（图5-2-53）。

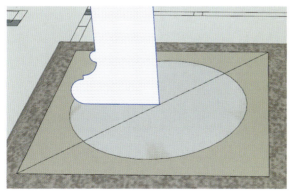
图 5-2-52　移动截面右下角角点到中心点

图 5-2-53　放样柱体造型

㉔三击选中整个圆柱，使用"创建群组"命令，创建群组然后右键单击，在弹出的菜单栏中选择"柔化/平滑边线"（图 5-2-54）。

㉕使用 Ctrl+X 组合键将小圆柱进行剪切，双击方形柱体群组进入组内，使用 Shift+V 组合键将小圆柱进行原位粘贴（图 5-2-55）。

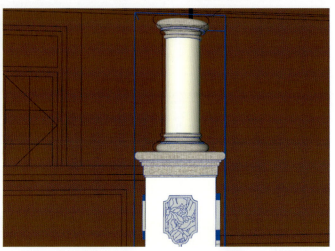

图 5-2-54　将圆柱创建群组　　　　　　　图 5-2-55　将圆柱进行原位粘贴

㉖使用"复制"命令，对照图纸立面图，在与此柱体造型相同的位置放置柱体（图 5-2-56）。

㉗选中立柱上方是花钵不是圆柱的组件右键单击，在弹出的菜单栏中选择"设定为唯一"（图 5-2-57）。

㉘双击其中一个柱体进入组内，用 Delete 键删除小圆柱（图 5-2-58）。

㉙用以上方法画出场景中的其他柱体（图 5-2-59）。

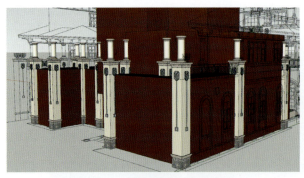

图 5-2-56　将柱体放到相应位置　　　　　图 5-2-57　设定为唯一

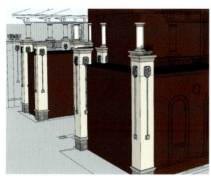

图 5-2-58　删除圆柱　　　　　　　　图 5-2-59　绘制其他柱体

4. 制作花池

①参考 CAD 图纸，结合使用"矩形"工具和"推/拉"工具，创建花池柱身并赋予相应的材质（图 5-2-60）。

②结合"偏移"（快捷键 F）和"推/拉"工具，制作柱身细节并对其赋予相应材质（图 5-2-61）。

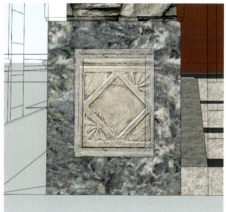

图 5-2-60　绘制花池并赋予材质　　　　图 5-2-61　制作柱身细节

③用"直线"工具和"圆弧"工具（快捷键 A），绘制柱头的造型截面（图 5-2-62）。

④选择方形路径后使用"路径跟随"工具，再选择制作好的柱头截面，对其赋予材质并三击选中整个花池进行"创建组件"操作（图 5-2-63）。

⑤右键单击花池，在弹出的菜单栏中选择"柔化/平滑边线"。参照图纸复制出其他位置的花池（图 5-2-64）。

⑥用相同的方法，制作东面台阶处的高花池（图 5-2-65）。

⑦用"直线"工具和"推/拉"工具，创建东面的台阶，完成后对其赋予相应的材质（图 5-2-66）。

图 5-2-62　绘制柱头造型截面　　　　图 5-2-63　放样柱头并赋予材质

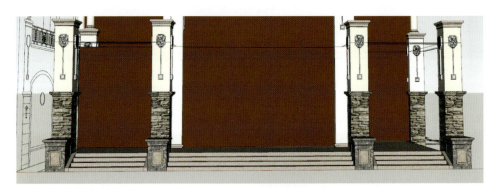

图 5-2-64　复制花池到相应位置

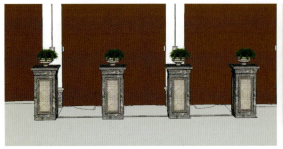 

图 5-2-65　制作相似的花池　　　　图 5-2-66　创建台阶并赋予相应材质

5. 制作露台

①双击建筑群组进入组内，参考 CAD 平面图用"矩形"工具画出墙体，再用"推/拉"工具进行墙体的推拉，用"删除"工具删除多余的线段（图 5-2-67）。

②结合使用"直线"工具与"圆弧"工具画出墙体侧面造型（图 5-2-68）。

③双击选中侧面造型，用 CtrlL+X 键进行剪切，双击建筑群组进入组内，使用 Shift+V 键原位粘贴（图 5-2-69）。

④用"移动"工具，将粘贴的造型面移到建筑墙体上，用"偏移"工具制作墙身的细节（图 5-2-70）。

图 5-2-67 推拉墙体

图 5-2-68 绘制墙面造型

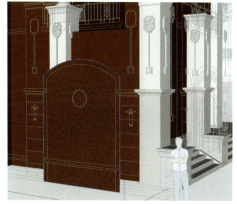
图 5-2-69 剪切造型墙面

图 5-2-70 偏移造型面

⑤用"移动复制"复制底部的线条分割面域（图 5-2-71）。

⑥用"推/拉"工具推出墙面的具体细节，并对其赋予相应的材质（图 5-2-72）。

⑦按 ESC 键退出群组，用"矩形"工具画一个尺寸为 500mm×500mm 的正方形，用"推/拉"工具推出 30mm 的厚度，完成后对其赋予相应的材质，并三击选中对其创建组件（图 5-2-73）。

⑧用"移动复制"将其向右、向下分别复制 6 个，相邻正方体之间的距离是 50mm（图 5-2-74）。

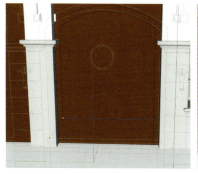
图 5-2-71 直线分割面域

图 5-2-72 推拉墙面厚度

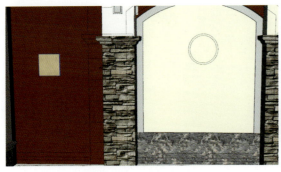
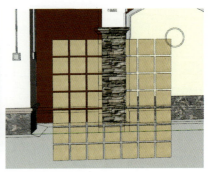

图 5-2-73　绘制正方形　　　　　　图 5-2-74　移动复制正方体

⑨框选所有的正方体创建群组,使用"旋转"工具将其旋转 45°（图 5-2-75）。

⑩激活"移动"工具,将做好的造型放于合适的位置,删除超出拱形造型的方块（图 5-2-76）。

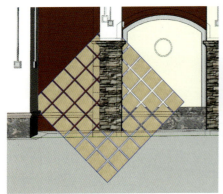

图 5-2-75　旋转正方体　　　　　　图 5-2-76　放置合适位置

⑪双击 CAD 西立面图进入组内,选中圆形进行复制（图 5-2-77）。

⑫按 ESC 键退出群组,使用 Shift+V 组合键进行原位粘贴,用"直线"工具进行封面处理（图 5-2-78）。

图 5-2-77　复制圆形　　　　　　　图 5-2-78　直线封面

⑬用"推/拉"工具推出造型并为其赋予相应材质,完成后对其"创建群组"(图5-2-79)。

⑭使用"移动"工具移动圆浮雕,将其对接到建筑墙面上(图5-2-80)。

图5-2-79 推拉造型　　　　图5-2-80 移动到相应位置

⑮使用"直线"工具和"圆弧"工具描出拱形门洞,使用"偏移"工具偏移出门洞的造型(图5-2-81)。

⑯三击选中门洞造型,使用"移动"工具参照图纸将其放置到相应位置(图5-2-82)。

图5-2-81 绘制拱形门洞　　　　图5-2-82 移动放置相应位置

⑰使用"推/拉"工具推出门洞厚度并为其赋予相应材质(图5-2-83)。

⑱使用"直线"沿着柱体绘制两条直线(图5-2-84)。

⑲使用"推/拉"工具将面推到与柱体齐平(图5-2-85)。

⑳使用"直线"工具沿着绿轴画一条直线(图5-2-86)。

㉑使用"推/拉"工具和"直线"工具做出此处的造型(图5-2-87)。三击选中拱形门洞造型创建群组。

㉒使用"直线"工具描出露台造型角线截面(图5-2-88)。

㉓使用"推/拉"工具推出一定的厚度并为其赋予相应的材质(图5-2-89)。

图 5-2-83 推拉门洞

图 5-2-84 绘制直线

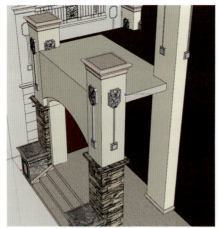
图 5-2-85 推拉面

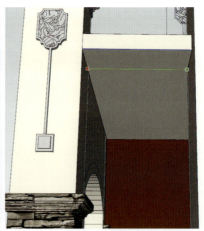
图 5-2-86 直线分割面域

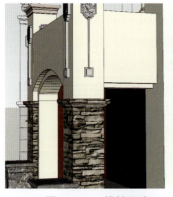
图 5-2-87 推拉厚度

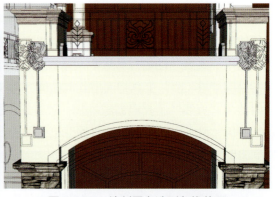
图 5-2-88 绘制露台造型角线截面

㉔三击选中此体块创建群组,再使用"移动"工具将其放置在相应的位置(图 5-2-90)。

㉕使用相同方法,做出此露台西面和东面的造型角线(图 5-2-91)。

㉖双击南立面群组,进入组内,选中铁艺栏杆的造型线条,使用 Ctrl+C 组合键进行复制,按 ESC 键推出群组,使用 Shift+V 组合键进行原位粘贴(图 5-2-92)。

㉗用"创建组件"工具对此栏杆进行组件创建,双击组件进入组件内部,再使用"直线"工具,对铁艺栏杆进行封面处理(图 5-2-93)。

图 5-2-89　推拉厚度　　　　　　　图 5-2-90　移动到相应位置

图 5-2-91　制作相似造型　　　　　图 5-2-92　绘制栏杆造型

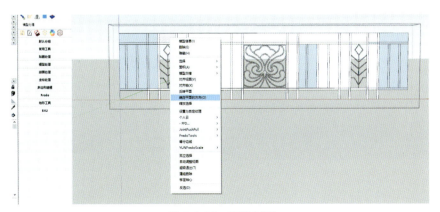

图 5-2-93　直线封面

㉘双击进入铁艺栏杆中间花艺造型的组件，同样使用"直线"工具进行封面处理（图 5-2-94）。

㉙单击选择镂空部分不需要的面域，用 Delete 键进行删除，用"推/拉"工具推拉 40mm 厚度，按 ESC 键退出组件。右键单击此造型，在出现的菜单栏中选择"柔化/平滑边线"（图 5-2-95）。

图 5-2-94　花艺造型直线封面　　图 5-2-95　删除不需要的面并推拉厚度

㉚先将栏杆镂空处不需要的面域用 Delete 键删除，再使用"推/拉"工具，将水平与竖直方向的栏杆进行推拉处理，同样推出 40mm 的厚度（图 5-2-96）。

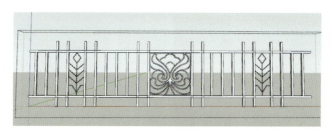

图 5-2-96　推拉栏杆

㉛使用上述制作花形铁艺的方法，制作树形的铁艺造型，完成后对所有铁艺栏杆赋予相应的材质（图 5-2-97）。

㉜使用"移动"工具，将铁艺栏杆移到相应的位置（图 5-2-98）。

图 5-2-97　制作树形造型　　　　图 5-2-98　移动栏杆至相应位置

㉝单击选中栏杆，使用"旋转复制"工具，旋转复制 90° 后，使用"移动"工具将复制出来的栏杆放置在相应的位置（图 5-2-99）。用相似的方法制作右边的露台。

图 5-2-99　复制栏杆放置到相应位置

6. 制作拱形门窗

①用"直线"工具和"圆弧"工具绘制拱形门洞的路径与截面（图 5-2-100）。

②选中拱形门洞的路径，激活"路径跟随"工具，再选择截面，放样出拱形门洞并对其赋予相应的材质，完成后创建群组（图 5-2-101）。

③用"直线"工具和"圆弧"工具，描出拱形门内部的细节并创建群组（图 5-2-102）。

④双击群组进入内部编辑，选择玻璃面域创建群组，进入玻璃群组，用"推/拉"工具推出一定厚度并赋予玻璃材质（图 5-2-103）。

⑤使用"推/拉"工具将门框推出一定的厚度并赋予相应材质，将玻璃用"移动"工具移到门框中间（图 5-2-104）。

图 5-2-100　绘制门洞路径与截面　　图 5-2-101　放样拱形造型

图 5-2-102　描出内部细节　　　图 5-2-103　选择玻璃面域创建群组

图 5-2-104　推拉厚度　　　图 5-2-105　描出拱形门洞

⑥用"直线"工具和"圆弧"工具描出拱形门洞（图 5-2-105）。

⑦双击选中拱形门洞面域，用 Ctrl+X 组合键进行剪切，双击建筑群组进入内部，用 Shift+V 组合键原位粘贴，再使用"移动"工具将拱形门洞面域移到建筑表面（图 5-2-106）。

⑧双击选择拱形门洞面域并使用"创建组件"工具，在弹出的"创建组件"对话框中，"粘贴至"选项选择"任意"，勾选"切割开口"与"用组件替换选择内容"（图 5-2-107）。

图 5-2-106　将面域原位粘贴到建筑组内　　　图 5-2-107　制作组件

⑨双击进入组件内部进行编辑，用"推/拉"工具推出 200mm 的厚度，删除面域（图 5-2-108）。

⑩点击场景空白处或者按 ESC 键退出建筑群组，将刚刚建好的门内框用"移动"工具移到拱形门位置（图 5-2-109）。

图 5-2-108　推拉厚度并删除面域　　图 5-2-109　移动门内框至相应位置

⑪选择拱形门内框与拱形造型边框，使用 Ctrl+X 组合键进行剪切，双击进入拱形门洞的组件内部，用 Shift+V 组合键进行原位粘贴（图 5-2-110）。

⑫按 ESC 退出拱形门洞组件，用"移动复制"工具将左边的拱形玻璃门复制到右侧（图 5-2-111）。

⑬采用相同的方法制作南立面玻璃门窗（图 5-2-112）。

⑭用相同的方法制作所有的矩形玻璃门（图 5-2-113）。

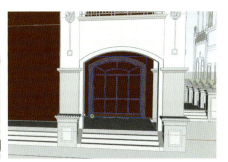

图 5-2-110　将内框原位粘贴进组件　　图 5-2-111　移动复制拱形门

图 5-2-112　制作南立面玻璃门窗　　图 5-2-113　制作矩形门窗

图 5-2-114　移动复制门窗至相应位置

⑮用相同的方法制作矩形和拱形玻璃窗，参照立面图纸用"移动复制"将这个造型复制到立面相应的位置（图 5-2-114）。

7. 制作屋顶

①用"直线"工具沿着建筑轮廓画出稍后需要路径跟随的路径（图 5-2-115）。用"移动复制"向上复制出这个路径备用。

②用"直线"工具和"圆弧"工具描出造型截面（图 5-2-116）。

③将造型截面用"移动"工具移到相应的位置（图 5-2-117）。

④三击选中路径，激活"路径跟随"工具，再点击放样的截面进行放样，完成后赋予其相应的材质，然后对其创建群组。单击选中群组后右键单击，在弹出的菜单栏中选择"柔化/平滑边线"（图 5-2-118）。

图 5-2-115　绘制路径

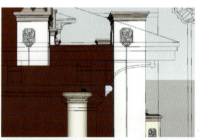

图 5-2-116　描出造型截面

图 5-2-117　移动截面至相应位置

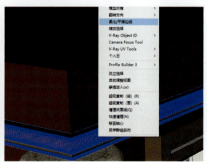

图 5-2-118　放样造型并柔化

图 5-2-119　制作屋顶檐口

⑤用相同的方法制作屋顶的檐口（图 5-2-119）。

⑥双击 CAD 立面图纸进入群组，选择造型线，用 Ctrl+C 组合键进行复制，按 ESC 键退出群组，用 Shift+V 组合键进行原位粘贴（图 5-2-120）。单击选中造型线组件并右键单击，在弹出的菜单栏中选择"设定为唯一"。

⑦双击进入组件内部，用"直线"工具进行封面处理，再用"推/拉"工具推出 200mm 的厚度并对其赋予相应的材质，完成后进行柔化（图 5-2-121）。

⑧参考 CAD 立面图纸将其用"移动复制"工具复制到相应的位置（图 5-2-122）。

⑨激活"材质"工具，按住 Alt 键吸取柱体的材质，双击建筑群组进入组内，对墙体进行材质的赋予（图 5-2-123）。

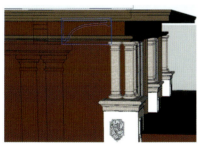

图 5-2-120　选择造型线

图 5-2-121　推拉造型

图 5-2-122　移动复制造型放置到相应位置

图 5-2-123　赋予墙体材质

⑩用"直线"工具绘制屋顶造型（图5-2-124）。

⑪用"移动"工具将描好的屋顶面域移动到相对应的位置（图5-2-125）。

⑫用"推/拉"工具参照西立面图纸推出相应的厚度（图5-2-126）。

⑬选择顶部的一条线段，用"移动"工具将线条参照西立面图纸移动到相应的位置（图5-2-127）。

⑭选择底部的一条线段，用"移动"工具将线条参照西立面图纸移动到相应的位置（图5-2-128）。

⑮完成后赋予其相应的材质，三击选中后创建群组（图5-2-129）。

⑯用"直线"工具描出东立面二层的三角顶面域（图5-2-130）。

⑰用"推/拉"工具参照北立面图纸推出相应的厚度（图5-2-131）。

⑱框选三角顶的顶点激活"移动"工具，参照北立面移动顶点到相应的位置（图5-2-132）。

⑲完成后对其赋予相应的材质，并创建群组（图5-2-133）。

图 5-2-124　绘制屋顶造型

图 5-2-125　移动到相应位置

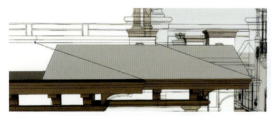
图 5-2-126　推拉厚度

图 5-2-127　移动线条改变形体

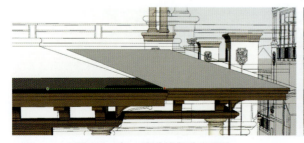
图 5-2-128　移动线条改变形体

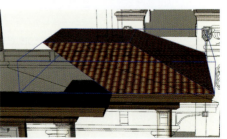
图 5-2-129　赋予材质并创建群组

图 5-2-130 绘制三角面域

图 5-2-131 推拉厚度

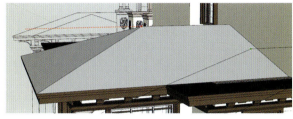
图 5-2-132 移动顶点改变形体

图 5-2-133 赋予相应材质并创建群组

⑳用"直线"工具绘制北立面二层屋顶面域（图 5-2-134）。
㉑用"推/拉"工具参照立面图推出一定的厚度并对其赋予相应的材质（图 5-2-135）。
㉒选中横着的一段线条（图 5-2-136）。
㉓激活"移动"工具，将选中的线条移到相应的位置（图 5-2-137）。
㉔框选三角顶的角点，用"移动"工具移动这个点至相应位置（图 5-2-138），完成后创建群组。
㉕用相似的方法做出其他屋顶，并将每个屋顶单独创建群组（图 5-2-139）。
㉖三楼的屋顶做完会出现面重合的现象，选中三楼所有的屋顶，再用"实体工具"中的"实体外壳"将它们合为一体（图 5-2-140）。注意：只有每个屋顶都是实体的情况下才能使用"实体工具"将其合并在一起。

图 5-2-134 绘制屋顶面域

图 5-2-135 推拉厚度并赋予材质

图 5-2-136 选择线条

图 5-2-137 移动线条改变形体

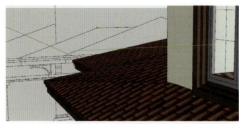
图 5-2-138　移动角点改变形体

图 5-2-139　创建相似屋顶

图 5-2-140　实体合并屋顶

8. 细化建筑细节

①用相同方式制作建筑北立面的门厅、露台栏杆以及车库（图 5-2-141）。

②用"直线"工具和"圆弧"工具描出造型线条（图 5-2-142）。

③双击建筑群组进入组内，双击选中建筑底部的平面，再按住 Shift 键减选面，只保留线条（图 5-2-143）。

④使用 Ctrl+C 组合键复制线条，按 ESC 键退出建筑群组，使用 Shift+V 组合键将线条原位粘贴（图 5-2-144）。

图 5-2-141　制作门厅

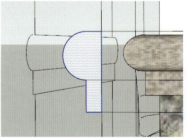
图 5-2-142　描出造型线条

图 5-2-143　选择路径线条

图 5-2-144　将线条原位粘贴到建筑组外

⑤使用"移动"工具参照立面图将线条移动至相应的位置后创建群组（图5-2-145）。

⑥用Ctrl+C组合键复制刚刚绘制的样条截面，双击线条群组进入组内，用Shift+V组合键将截面原位粘贴（图5-2-146）。参照立面图，将没有样条线处的线条删除。

⑦将截面用"移动复制"工具复制到相应的位置（图5-2-147）。

⑧选中需要跟随的路径线条，激活"路径跟随"工具，点击截面进行放样，完成后对其赋予相应的材质（图5-2-148）。

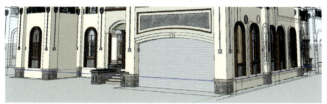

图5-2-145　移动线条到相应位置

图5-2-146　复制造型线条

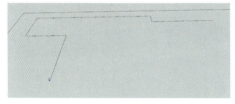

图5-2-147　将截面复制到相应位置

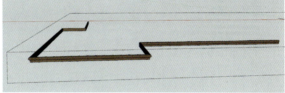

图5-2-148　放样造型

⑨将另一个截面用"旋转"工具旋转90°，用移动工具放置到相应的位置，用相同的方法再次进行放样（图5-2-149）。

⑩用相同的方法制作建筑二层的线条（图5-2-150）。

⑪双击建筑群组进入组内，双击建筑底部平面，按Shift+Ctrl键减选不需要的面和线段（图5-2-151）。

⑫激活"移动复制"工具，将选好的线段向上复制到相应的位置（图5-2-152）。

⑬对分割好的面赋予相应的材质（图5-2-153）。

⑭用相同的方法对其他不同材质的墙面分割面域并赋予其相应的材质（图5-2-154）。

⑮找到素材包里的"花钵1"文件，点击打开，选中花钵，用Ctrl+C组合键进行复制（图5-2-155）。

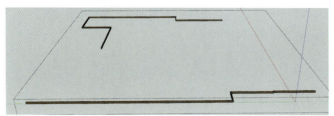

图5-2-149　放样造型

图5-2-150　制作二层线条

⑯回到建模文件中，用 Ctrl+V 键进行粘贴，将花钵用"移动"工具放置到相应的位置（图 5-2-156）。

⑰用相同的方式粘贴其他组件并放置到相应的位置（图 5-2-157）。别墅外观模型制作完成（图 5-2-158）。

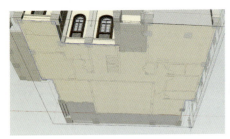

图 5-2-151　选择路径线条　　　　　　　图 5-2-152　将线段复制到相应位置

图 5-2-153　分割面域并赋予材质　　　　图 5-2-154　赋予面域材质

图 5-2-155　复制花钵　　　　　　　　　图 5-2-156　移动花钵放置相应位置

图 5-2-157　粘贴剩余素材并放置到相应位置　　图 5-2-158　制作完成效果

9. 制作亲水平台、花坛

①双击地砖群组进入组内,将地砖用"推/拉"工具推出50mm的厚度(图5-2-159)。

②双击地砖群组进入组内,双击花池面域,用Ctrl+C组合键进行复制,按ESC键退出群组,用Shift+V组合键原位粘贴花池面域(图5-2-160)。

③用"推/拉"工具推出460mm的高度并对花池赋予相应的材质(图5-2-161)。

④选择需要放样的路径线条,使用"移动复制"工具向上进行复制(图5-2-162)。

图5-2-159 制作地砖

图5-2-160 粘贴花池面域

图5-2-161 推拉花池高度

图5-2-162 选择路径线条

⑤用"圆"工具画出半径为50mm的圆,删除不需要的面域,只留1/4的圆(图5-2-163)。

⑥双击选中上方复制出来的线条,激活"路径跟随"工具,再选中需要放样的截面进行放样,完成后对其赋予相应的材质(图5-2-164)。

图5-2-163 绘制放样截面

图5-2-164 放样造型

⑦用相同方法制作花池上方的造型，并将花池创建群组（图 5-2-165）。

⑧双击草地群组，进入组内，用"推/拉"工具将花池的草地向上推出 400mm 高度（图 5-2-166）。

图 5-2-165　制作花池上方造型　　　图 5-2-166　推拉草地高度

⑨在河边的防腐木平台上，用"圆"工具绘制半径为 150mm 的圆（图 5-2-167）。

⑩用"推/拉"工具推出 470mm 的高度（图 5-2-168）。

图 5-2-167　绘制圆　　　　　　　　图 5-2-168　推拉高度

⑪用"偏移"工具将圆向内偏移 30mm 的厚度，对偏移好的圆赋予相应的材质，并向上推拉 30mm，三击选中柱体栏杆并创建组件（图 5-2-169）。

⑫双击柱体栏杆进入组内，框选底部的圆（图 5-2-170）。

图 5-2-169　偏移圆并推拉高度　　　图 5-2-170　选中底部的圆

⑬使用"移动复制"工具将框选的圆向上复制 600mm（图 5-2-171）。

⑭用"推/拉"工具将圆向下推出 100mm，按一下 Ctrl 键，再将顶部的圆向下推拉 10mm 的厚度（图 5-2-172）。

图 5-2-171　移动复制圆

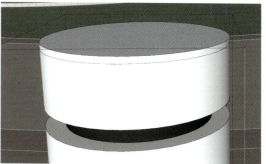
图 5-2-172　推拉厚度

⑮双击选中上部圆的面域,激活"缩放"工具,按住 Ctrl 将面向内缩放至 0.8 倍(图 5-2-173)。

⑯对栏杆赋予相应的材质(图 5-2-174)。

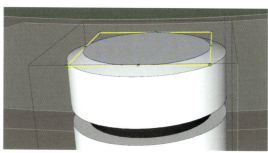
图 5-2-173　缩放圆

图 5-2-174　赋予材质

⑰用"圆弧"工具沿着地砖的弧线画一个圆弧,选中画出的圆弧并右键单击,在弹出的菜单栏中选择"查找中心"(图 5-2-175)。

⑱将画出的圆弧线删除,并选择圆柱栏杆用"旋转复制"工具进行复制(图 5-2-176)。

⑲用"圆弧"工具绘制弧高为 2550mm 的圆弧(图 5-2-177)。

⑳选中画出的圆弧,用"偏移"工具偏移 250mm 的宽度(图 5-2-178)。

图 5-2-175　查找圆弧中心

图 5-2-176　旋转复制圆柱

图 5-2-177　绘制圆弧　　　　　图 5-2-178　偏移圆弧

㉑用"直线"工具画出线段将其封面，双击选中这个面域（图 5-2-179）。用"移动"工具向上移动 450mm。

㉒用"推/拉"工具向下推拉 60mm 的厚度，并赋予相应的材质（图 5-2-180）。

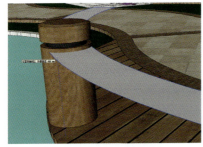 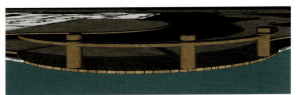

图 5-2-179　移动面域　　　　　图 5-2-180　推拉厚度

10. 制作庭院围栏

①用"矩形"工具画出 800mm×240mm 的矩形，用"推/拉"工具推出 550mm 的高度，赋予相应的材质（图 5-2-181）。

②选择上方的线段，用"移动复制"工具将线段向下复制 100mm，用"推/拉"工具推出 30mm，三击选中并创建群组（图 5-2-182）。

③用"矩形"工具绘制 200mm×800mm 的矩形，用"推/拉"工具向上推出 1300mm 的高度并赋予相应的材质（图 5-2-183）。

④用"矩形"工具绘制 300mm×300mm 和 20mm×850mm 的矩形，用"推/拉"

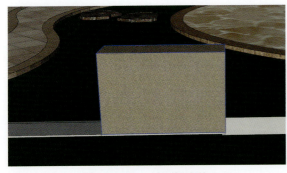 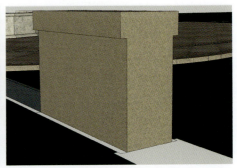

图 5-2-181　绘制长方体　　　　　图 5-2-182　推拉造型

工具向内推进 20mm 并赋予相应的材质（图 5-2-184）。

⑤用"偏移"工具将里面的矩形向内偏移 30mm，用"推/拉"工具将面域向外推出 20mm 并赋予相应的材质，三击选中并创建群组（图 5-2-185）。用相同的方法在柱体的背面做出相同的造型。

⑥用"矩形"工具绘制 800mm×250mm 的矩形，用"移动"工具放置到相应的位置并用"推/拉"工具向上推出 150mm 高度（图 5-2-186）。

⑦用"矩形"工具绘制 730mm×170mm 的矩形，用"推/拉"工具向上推出 180mm 的高度并赋予相应的材质（图 5-2-187）。

⑧用"直线"工具画出长 50mm 的两条线段，用"偏移"工具向外偏移 10mm 的距离，用"直线"工具进行封面（图 5-2-188）。

⑨用"推/拉"工具推出 180mm 的高度，赋予相应的材质并创建组件，用"移动复制"工具将体块移动到相应的位置（图 5-2-189）。

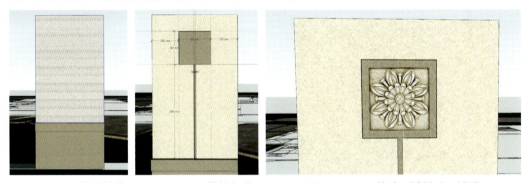

图 5-2-183 绘制柱体　　图 5-2-184 推拉细节　　图 5-2-185 偏移面域并赋予材质

图 5-2-186 绘制矩形并推拉　　　　　图 5-2-187 绘制矩形并推拉

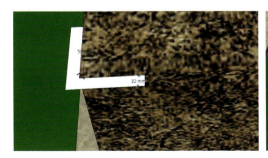

图 5-2-188 直线绘制面域　　　　　图 5-2-189 推拉高度并移动复制

⑩用"矩形"工具画出 60mm×10mm 的矩形，用"推/拉"工具推出 180mm 的高度并赋予相应的材质，用"移动复制"工具将体块复制到相应的位置（图 5-2-190）。

⑪用"矩形"工具和"推/拉"工具制作柱头部分（图 5-2-191）。将整个柱子的部件选中并创建组件。

图 5-2-190　绘制矩形并推拉

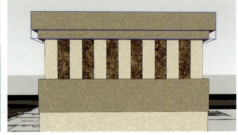
图 5-2-191　制作柱头

⑫用"移动复制"工具将柱子进行移动复制，按照 CAD 图纸放置到相应位置（图 5-2-192）。

⑬用"矩形"工具画出 5100mm×240mm 的矩形，用"推/拉"工具向上推出 550mm 的高度，赋予相应的材质（图 5-2-193）。

⑭选中两条线段，用"移动复制"工具将线段向下移动复制 100mm 的距离并用"推/拉"工具推出 30mm（图 5-2-194）。

⑮用"矩形"工具画出 5100mm×200mm 的矩形，用"推/拉"工具推出 1300mm 的高度（图 5-2-195）。

⑯选中一条选段，用"移动复制"工具将线段向下进行复制，对用线段分好的面域进行材质赋予，双击选中分割好的面域向墙体的背面进行移动复制（图 5-2-196）。

⑰用"矩形"工具沿着立柱的侧面进行矩形绘制（图 5-2-197）。

图 5-2-192　移动复制柱子到相应位置

图 5-2-193　绘制矩形并推拉

图 5-2-194　推拉造型

图 5-2-195　绘制矩形并推拉

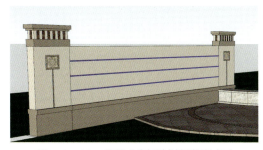

图 5-2-196 直线分割面域并赋予材质

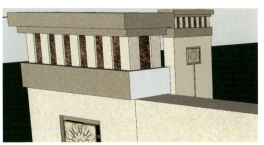

图 5-2-197 绘制矩形

图 5-2-198 推拉长度

图 5-2-199 制作相似围墙

⑱用"推/拉"工具推出 5100mm 的距离并赋予相应的材质,完成后创建群组(图 5-2-198)。

⑲用相同的方式绘制其他位置的围墙(图 5-2-199)。

⑳用"矩形"工具和"推/拉"工具制作铁艺围栏的底座(图 5-2-200)。

㉑打开材质包,找到"铁艺栏杆"文件并打开,用 Ctrl+C 组合键进行复制,用 Ctrl+V 组合键进行粘贴(图 5-2-201)。

㉒用同样的方法做出其他位置的铁艺围栏(图 5-2-202)。

㉓打开材质包,用复制粘贴的方法将其他构件粘贴到场景里(图 5-2-203)。

图 5-2-200 制作围栏底座

图 5-2-201 粘贴素材包中的铁艺围栏

图 5-2-202 制作相应位置的围栏

图 5-2-203 添加其他构件到模型中

图 5-2-204　将建筑模型粘贴到场景内并放置在相应位置　　　图 5-2-205　完成效果

㉔打开建筑的模型，用 Ctrl+C 组合键进行复制，用 Ctrl+V 组合键进入场景模型内进行粘贴，用"移动"工具将建筑模型放置到相应的位置（图 5-2-204）。庭院部分模型制作完成（图 5-2-205）。

11. 整理模型

在将 SketchUp 模型导入 Lumion 软件之前，要从模型的正反面、模型单位、距坐标原点的距离等方面检查模型。

①打开已完成的庭院模型文件，在风格工具条中选择单色显示模式，然后根据正反面颜色检查模型，如果发现有反面（图 5-2-206），需要将反面进行反转改为正面。

图 5-2-206　检查模型正反面

②在 Lumion 中进行渲染时，相同材质名称的材质会进行统一处理，在编辑材质时会被一起选中并编辑，因此在 SketchUp 中需要对所有不同材质分别赋予，设置不同的材质名称，特别是白色材质对象不能用默认材质替代。

③打开"模型信息"对话框，点击"单位"，检查模型单位，一般设置为毫米或者米（图 5-2-207）。

④打开"模型信息"对话框，点击"统计信息"，在"统计信息"对话框中点击"清理未使用项"清理未使用的组件、材质等，以减小模型文件大小，提高模型工作效率（图 5-2-208）。

图 5-2-207　检查模型单位　　　　图 5-2-208　清理未使用项

12. 渲染环境

①运行 Lumion 软件，开启软件之后新建空白场景。选择 Create plain environment（图 5-2-209）。

②点击"导入新模型"按钮，在弹出的"打开"对话框中寻找 SketchUp 文件目录，选择"别墅庭院 .skp"文件，点击"打开"按钮，弹出"导入模型"对话框，然后点击"OK"按钮✅（图 5-2-210），等待模型导入。

图 5-2-209　新建空白场景　　　　图 5-2-210　导入模型

③在导入资源面板中选中导入的庭院模型，点击"放置"按钮，将模型放置到创建的场景中（图 5-2-211）。

④切换到"选择"工具，使用上下移动，将模型往上移动一段距离（0.5m 左右），避免 Lumion 地面与模型地面重合时发生穿模现象（图 5-2-212）。

图 5-2-211　点击"放置"按钮放置模型

图 5-2-212　移动模型

图 5-2-213　调整天气参数

图 5-2-214　设置景观草尺寸及样式

⑤点击"天气"按钮,打开"天气"参数面板,调整"太阳方位""太阳高度"和"太阳亮度"等参数,设置合适的天气环境。本项目设置为白天场景,具体设置如图 5-2-213 所示。

⑥点击"景观"按钮,打开"景观"参数面板,选择"景观草"按钮,然后点击"景观草开/关"按钮,开启景观草,设置景观草尺寸及样式(图 5-2-214)。

13. 编辑材质

(1)草地材质

①点击"材质",进入材质编辑面板。

②用鼠标选中场景中的草地区域,相同材质名的材质会被一同选中,被选中的区域会高亮显示,边缘会有一圈绿色(图 5-2-215)。

③在弹出的材质库面板中,依次选择"新的"选项卡"景观"按钮(图 5-2-216)。

④此时草地材质已被设置成景观草,点击"保存更改"(图 5-2-217)。

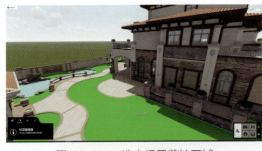
图 5-2-215　选中场景草地区域

图 5-2-216　选择"景观"按钮

(2)铺装材质

①点击"材质",鼠标拾取庭院中铺装材质(图 5-2-218),相同材质会被一起选中。

②在"新的"选项卡中选择"标准"进入材质参数调整面板,调节"光泽度"为 0.5、

图 5-2-217　完成草地材质赋予

"反射率"为 0.6、"视差"为拉满,展开"显示更多",切换到"风化"选项卡,添加"石材风化"效果,给地面铺装增加一些真实感(图 5-2-219)。完成后点击"保存更改"按钮。

③参照上一步完成其他铺装材质的参数调整,可以适当调整"光泽度"及"反射率"的参数数值,表现不同铺装材质的效果。

图 5-2-218　拾取铺装材质　　　　　图 5-2-219　完成材质参数调整

(3) 水体材质

①点击"材质"按钮,用鼠标拾取庭院中水体区域,在弹出的材质编辑面板中依次选择"新的"选项卡、"水"按钮,进入水材质调整面板(图 5-2-220)。

②调整"波高"为 0.1、"波率"为 8.6,点击"RGB"按钮,修改水体颜色(图 5-2-221)。点击"保存更改"完成材质调整。

图 5-2-220　拾取水体区域　　　　　图 5-2-221　调整材质参数

259

（4）金属材质

①点击"材质"，用鼠标拾取庭院中金属围栏（图5-2-222），相同材质会被一起选中。

②依次点击"新的"选项卡"标准"按钮，进入标准材质编辑面板，金属栏杆的参数设置为"光泽"0.7，"反射率"1.8，其他调节参数保持默认；点击"显示更多"，选择"风化"面板，然后选择"银"，增加"风化"参数（0.5），模拟真实感（图5-2-223）。

③参照上一步的参数完成金属窗、金属门等其他金属材质的创建。

图 5-2-222　拾取金属围栏　　　　　图 5-2-223　调整材质参数

（5）玻璃材质

①点击"材质"，鼠标拾取建筑窗户玻璃部分（图5-2-224），相同材质会被一起选中。

②点击玻璃材质预览图，前往材料库，在材料库中选择"室外"选项卡，然后选择"玻璃"分组，选择预设玻璃材质即可，本案例选择"glass panels 002"（图5-2-225）。

图 5-2-224　拾取窗户玻璃　　　　　图 5-2-225　选择预设玻璃材质

（6）别墅墙面材质

根据设计表现需要设置别墅墙面材质参数，一般添加风化参数效果会更好，可以参考图 5-2-226 所示参数。

（7）庭院景观石材质

①点击"材质"，用鼠标拾取庭院景观石部分（图5-2-227），相同材质会被一起选中。

②依次点击"新的"选项卡"标准"按钮，进入标准材质编辑面板。假山置石的参数设置为"光泽"0.2，"反射率"0.4，"视差"调整到最大；点击"显示更多"，选择"风化"面板，然后选择"石材"，"风化"参数为0.7，模拟青苔的效果（图5-2-228）。

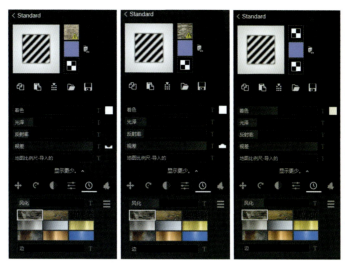

图 5-2-226　设置别墅墙面材质参数

图 5-2-227　拾取景观石

图 5-2-228　调整材质参数

14. 添加配景

①选择素材库面板，将当前命令切换为"放置"，素材库分类切换为"自然"，在素材库中选择植物放置到场景中（图 5-2-229）。

②根据设计需求，完成乔木、灌木、草花等植物景观制作（图 5-2-230）。

③选择素材库面板，将当前命令切换为"放置"，素材库分类切换为"人和动物"，在素材库中选择人和动物放置到场景中（图 5-2-231）。

图 5-2-229　放置植物

图 5-2-230　完成植物景观制作

图 5-2-231　选择人和动物放置到场景

15. 静帧出图

①点击"拍照模式",使用相机移动快捷键(A、S、D、W)移动相机,调整合适的出图角度,并将焦距设置为 24mm,调整好后点击"保存相机视口"(图 5-2-232)。

②点击"添加特效"按钮,给当前视图添加"2 点透视""太阳""天空和云""阴影""颜色校正""模拟色彩实验室"等特效,完成场景效果的调整(图 5-2-233)。

③继续添加其他角度,并在菜单中复制上一视图的特效(图 5-2-234),微调参数。

图 5-2-232　调整合适出图角度　　　　　　图 5-2-233　添加特效

图 5-2-234　复制上一视图特效并微调参数

④点击"渲染",然后选择"照片集",附加输出"天空 Alpha"和"材质 ID 图",点击"印刷"尺寸完成输出(图 5-2-235)。

图 5-2-235　完成输出

【巩固训练】

完成乡村别墅庭院的模型制作并渲染效果图(图 5-2-236)。

图 5-2-236　乡村别墅庭院渲染图

序号	实施步骤	相关工具/命令
1	简化CAD图纸	清理杂线和空图层
2	制作建筑主体	导入图纸、移动、旋转、直线、推/拉
3	制作平台水池	矩形、推/拉、直线、移动复制、路径跟随
4	制作躺椅	偏移、推/拉、直线、圆弧、路径跟随
5	制作露台	直线、圆弧、移动复制、推/拉、旋转
6	制作室外扶梯	直线、圆弧、路径跟随、推/拉、移动
7	制作石板路	直线、圆弧、路径跟随、移动、路径阵列
8	制作照明灯带	移动、路径跟随、移动复制、旋转
9	制作花坛	推/拉、移动复制、圆弧、路径跟随
10	制作围栏	矩形、推/拉、移动复制、偏移、直线
11	编辑材质	调整草地、铺装、环境贴图及灯光
12	添加配景	放置植物
13	静帧出图	材质编辑器渲染出图